土木工程力学基础

（第2版）

主　编　刘　敏　王广新

副主编　赵金霞　刘　庆

U0233906

北京理工大学出版社
BEIJING INSTITUTE OF TECHNOLOGY PRESS

内 容 简 介

本书注重理论联系实际，突出学生应用能力的培养。全书主要内容包括力和受力图、平面力系的平衡、直杆轴向拉伸和压缩、直梁弯曲、受压构件的稳定性、工程中常见结构简介等。

本书可作为中等职业学校土木工程相关专业的教材，也可作为函授和自考辅导用书，还可供工程项目施工现场相关技术和管理人员工作时参考使用。

图书在版编目(CIP)数据

土木工程力学基础 / 刘敏，王广新主编. -- 2 版
. -- 北京：北京理工大学出版社，2021.10
ISBN 978-7-5763-0529-6

Ⅰ. ①土… Ⅱ. ①刘… ②王… Ⅲ. ①土木工
程-工程力学 Ⅳ. ①TU311

中国版本图书馆 CIP 数据核字(2021)第 215258 号

出版发行 / 北京理工大学出版社有限责任公司
社　　址 / 北京市海淀区中关村南大街 5 号
邮　　编 / 100081
电　　话 / (010)68914775(总编室)
　　　　　 (010)82562903(教材售后服务热线)
　　　　　 (010)68944723(其他图书服务热线)
网　　址 / http://www.bitpress.com.cn
经　　销 / 全国各地新华书店
印　　刷 / 定州市新华印刷有限公司
开　　本 / 889 毫米×1194 毫米　1/16
印　　张 / 12.5　　　　　　　　　　　　责任编辑 / 张荣君
字　　数 / 241 千字　　　　　　　　　　　文案编辑 / 张荣君
版　　次 / 2021 年 10 月第 2 版　2021 年 10 月第 1 次印刷　　责任校对 / 周瑞红
定　　价 / 35.00 元　　　　　　　　　　　责任印制 / 边心超

前言

FOREWORD

力学是一门基础科学，它所阐明的规律带有普遍的性质，为许多工程技术提供理论基础。力学又是一门技术科学，为许多工程技术提供设计原理、计算方法和试验手段。力学和工程学的结合促使工程力学各个分支的形成和发展。

"土木工程力学基础"是中等职业学校建筑、市政、道路桥梁、铁道、水利等土木工程类相关专业的一门基础课程。其任务是使学生掌握土木工程类专业必备的力学基础知识和基本技能，初步具备分析和解决土木工程简单结构、基本构件受力问题的能力，为学习后续专业技能课程打下基础；对学生进行职业意识培养和职业道德教育，使其形成严谨、敬业的工作作风，为今后解决生产实际问题和职业生涯的发展奠定基础。

本教材适应社会对专业技能的需要，难度适中，与中职学生的能力相适应，本书编写时力求做到理论联系实际，注重科学性、实用性和针对性，突出学生应用能力的培养，重视学生"素质、技能、知识"三维目标的有效达成以及"教、学、做"的统一。本书内容新颖、层次明确、结构有序，注重理论与实际相结合，加大了实践运用力度，其基础内容具有系统性、全面性，具体内容具有针对性、实用性，满足专业特点要求。

本教材为岗课赛证融通教材，体现了"以学生为本"的特点，充分考虑学生的实际学习能力和未来工作岗位所需求的知识和技能，内容简单、实用、有效，重点突出。为更加适合教学使用，结合学生未来岗位、职业资格证书和专业技能竞赛要求，注重"课程体系与内容——职业资格考证能力要求——岗位能力——专业技能竞赛能力要求"的相互融合。本书主要阐述了力和受力图、平面力系的平衡、直杆轴向拉伸和压缩、直梁弯曲、受压构件的稳定性、工程中常见结构简介等内容。本书各项目前设置的"基础知识"和"岗位技能"，为学生学习和教师教学做引导；各项目后设置的"知识要点"，以学习重点为框架，对各项目知识进行归纳总结，设置的"问题探讨""技能训练"以填空题、选择题、简答题的形式，从更深的层次给学生以思考、复习的切入点，从而构建一个"引导-学习-总结-练习"的教学全过程。

本书在编写过程中参阅了大量的文献，在此向这些文献的作者致以诚挚的谢意！由于编写时间仓促，编者的经验和水平有限，书中难免有不妥和错误之处，恳请读者和专家批评指正。

编　者

目 录

CONTENTS

绪 论

0.1 土木工程力学的研究对象及任务

1. 土木工程力学的研究对象

组成建筑结构的构件有梁、板、柱、基础等，建筑结构一般按几何特征分为3种类型，即杆件、薄板或薄壳结构、实体结构。

工程结构中，每一构件都承受和传递各种荷载。如屋面板承受屋面上风、雪、施工等荷载，并将这些荷载传递给屋架，屋架又将其传递给柱子；吊车荷载作用在吊车梁上，吊车梁又将其传递给柱子；柱子将所受到的各种荷载传递给基础，最后基础又将其传递给地基。作用在工程构件或结构上的力有几种，力的大小是多少，这就需要对结构或构件进行受力分析，并对其作用力进行计算。从力学的观点看，建筑（市政）结构的基本功能是承受和传递荷载，并使这种状态稳定地保持下去，以保证建筑物安全、耐久和正常使用。因此，工程力学的研究对象就是各种杆件构件和由杆件组成的构件结构，主要研究其力学计算理论及方法。

2. 土木工程力学的研究任务

在土木建筑施工和使用过程中，构件要能安全地承受和传递各种荷载。因此，它们必须具有足够的强度、刚度和稳定性。

土木工程力学的任务就是研究物体的受力分析、力系简化与平衡的理论基础，研究构件的强度、刚度和稳定性问题，使结构既能安全、正常地工作，又经济实用。

平衡是指物体相对于地球保持静止或做匀速直线运动的状态。

强度是指构件抵抗破坏的能力。构件在工作条件下不发生破坏，该构件即具有抵抗破坏的能力，满足了强度要求。

刚度是指构件抵抗变形的能力。结构或构件在工作条件下所发生的变形未超过工程允许的范围，该结构或构件即具有抵抗变形的能力，满足了刚度要求。

稳定性是指结构或构件具有保持原有形状的稳定平衡状态的能力。结构或构件在工作条件下不会突然改变原有的形状，以致发生过大的变形而导致破坏，即满足稳定性要求。

0.2 土木工程力学的学习方法

从事工程施工的工程技术人员，只有掌握了工程力学的基本理论和知识，才能懂得工程中各种构件的作用、受力情况、传力途径及它们在各种力的作用下什么条件会产生什么样的破坏等。这样，在施工中才能保证绝对安全，保证工程质量，避免发生安全质量事故。许多工程安全质量事故就是由于施工管理人员缺乏和不懂力学知识造成的。例如，由于不懂力矩的平衡，造成阳台倾覆；不懂内力分布，将雨篷的钢筋位置放错，而造成雨篷折断；不懂应力的基础知识，而将预制板堆坏。工程力学知识也是学好施工专业课程的基础，学习过程中应掌握以下几点学习方法。

1. 理论联系实际

工程力学的研究是从生产实际发展起来的，反过来也对生产实践起着指导作用，所以，在学习中要注意所学的理论知识与解决实际问题结合起来。例如，实际的工程力学研究对象是很复杂的，要注意观察，了解它们的性能和使用情况。

2. 掌握工程力学的分析方法和解题思路

工程力学中所述的各种具体计算方法，学习中要重点掌握它们的解题思路。特别是要从这些具体的计算方法中学习分析问题的一般方法。例如，怎样从已知条件过渡到未知领域；怎样从整体划分为局部，再由局部整合成整体，等等。

3. 勤学多练

工程力学是一门理论性和实践性很强的课程，要学好力学，必须勤学多练，不做一定数量的习题，是很难掌握其中的概念、理论和方法的。但也要避免盲目性，做题前一定要先看书、复习，把概念弄懂弄清再做题。做工程力学题有很多规律和技巧，需自己去分析、总结。做题中出现错误是不可避免的，学会校核是避免错误的最好方法。对错误的问题，要找出错误的原因，吸取教训，避免再出现类似的错误。

项目 1 力和受力图

力、力的三要素、力系，静力学公理，荷载的概念及分类，约束与约束力。

岗位技能

能够解释力、力的三要素，能够叙述静力学的基本公理；能够认知荷载及其分类；能够根据约束的类型确定约束反力，能够绘制受力图等。

1.1 力的基本知识

力的基本知识

1.1.1 力的概念

【观察与思考】

人们推车时，使车由静到动，并使车运动加速或者转弯，如图 1-1 所示；人们制作钢筋时，使钢筋弯曲，如图 1-2 所示。为什么车由静止到运动？为什么钢筋变弯曲？

图 1-1 人推车

图 1-2 弯曲钢筋

由实践可知，人对车、机器对钢筋施加了力，使车的运动状态发生了变化，使钢筋发生了变形。自由落体由于受到地球的引力（即重力）作用而越坠越快；楼面梁需要有墙或柱的支持力作用保持稳定的静止状态（即平衡状态），这属于力的运动效应。例如，楼板受到人群或家具压力的作用而产生弯曲变形等，属于力的变形效应。

因此，力是一个物体对另一个物体的相互机械作用，这种作用使物体的运动状态发生改变或者使物体的形状发生改变。对力的概念的理解应抓住两点：一是力的本质；二是力的效应。

1. 力的本质

（1）物体间的相互作用可以直接接触，也可以不直接接触。例如，物体对地面的压力，吊车吊起构件，打夯机夯实地基土，建筑物受到的风压、雪压等均属于物体间的直接接触；重力、电磁力等，这种相互作用是通过某种"场"进行的，属于物体间的不直接接触，因为重力是通过地球与物体之间的力场进行的，电磁力是通过电磁场进行的。

（2）力不可能脱离物体而独立存在。说到力必须指明谁对谁的作用，即施力物体对受力物体的作用。

（3）力总是成对出现的。A 物体对 B 物体施加一个力，B 物体同时对 A 物体施加一等值、反向、共线的力；它们分别作用在 A、B 两个物体上，形成一对作用力与反作用力。

2. 力的效应

（1）力使物体运动状态发生改变，称为力对物体的外效应。在静力学部分将物体视为刚体，只考虑力的外效应。平衡是这种效应的特殊情形。物体的平面运动可分解为平行移动和转动，当一平面物体静止时，即它既不移动也不转动，此时力的外效应为零。

（2）力使物体形状发生改变，称为力对物体的内效应。在材料力学部分则将物体视为变形体，必须考虑力的内效应。当物体受到外力作用时，形状和大小发生改变，同时，其内部产生一种反抗变形的反作用力，称为内力。物体的变形分为两类，当外力去除时立即消失的变形，称为弹性变形，如弹簧的伸长或缩短变形一般属于弹性变形；当外力去除后不会消失的变形称为塑性变形，如锤击烧红的铁块产生的变形属于塑性变形。

1.1.2　力的三要素

力对物体作用的效应取决于力的三个要素，即力的大小、方向和作用点。

（1）力的大小反映物体之间相互机械作用的强弱程度。力的单位是牛顿（N）或千牛顿（kN）。

$$1 \text{ kN} = 1\ 000 \text{ N}$$

（2）力的方向包含力的作用线在空间的方位和指向，如水平向右、铅直向下等。

（3）力的作用点是指物体承受力的那个部位。两个物体间相互接触时总占有一定的面积，力总是分布于物体接触面上的各点。当接触面面积很小时，可近似将微小面积抽象为一个点，这个点称为力的作用点，该作用力称为集中力；反之，当接触面积不可忽略时，力在整个接触面上分布作用，此时的作用力称为分布力。分布力的大小用单位面积上的力的大小来度量，称为载荷集度，用 $q(\text{N/cm}^2)$ 表示。

记住

力的本质是物体间的相互机械作用。

记住

力的效应是使物体的运动状态改变，或使物体产生变形。

在印刷体中用黑体大写英文字母表示力的矢量，浅体字母表示力的大小；手写时在大写英文字母上加单箭头线或短横线表示力的矢量，例如 $\vec{F}$、$\overline{F}$。

力是既有大小，又有方向的物理量，把这种既有大小，又有方向的量称为矢量。它可以用一个带有箭头的直线线段（即有向线段）表示，其中线段的长短按一定的比例尺表示大小，线段的方位和箭头的指向表示力的方向，而线段的起点或终点表示力的作用点。由力的作用点，沿力的矢量方位画出的直线就表示力的作用线，这就是力的图示法，如图 1-3 所示。

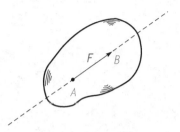

图 1-3　力的矢量表示

1.1.3　力系

作用在物体上的一组力，称为力系。

1. 力系的分类

按照力系中各力作用线分布的形式不同，力系可分为：

（1）汇交力系。力系中各力作用线汇交于一点。

（2）力偶系。力系中各力可以组成若干力偶，或力系由若干力偶组成。

（3）平行力系。力系中各力作用线相互平行。

（4）一般力系。力系中各力作用线既不完全交于一点，也不完全相互平行。

按照各力作用线是否位于同一平面内，上述力系又可以分为平面力系和空间力系两大类。

2. 等效力系

如果某一力系对物体产生的效应，可以用另外一个力系来代替，则这两个力系称为等效力系。当一个力与一个力系等效时，则称该力为此力系的合力；而该力系中的每一个力，称为这个力的分力。把力系中的各个分力代换成合力的过程，称为力系的合成；反过来，把合力代换成若干分力的过程，称为力的分解。

3. 平衡力系

若刚体在某力系作用下保持平衡，则该力系称为平衡力系。使刚体保持平衡时力系所需要满足的条件，称为力系的平衡条件。这种条件有时是一个，有时是几个，它们是建筑力学分析的基础。

1.2 静力学公理

1.2.1 平衡的概念

⚠ **提示**

静力平衡问题的研究对象是刚体。刚体是指在任何情况下，其大小和形状始终保持不变的物体，即刚体内任意两点的距离保持不变。

物体的平衡状态，是指物体相对于地球处于静止或保持匀速直线运动的状态。物体的平衡状态是机械运动的特殊情况，例如，我们不仅说静止在地面上的房屋桥梁是处于平衡状态的，而且也说在直线轨道上做匀速运动的塔吊及匀速上升或下降的起吊构件也是处于平衡状态的。

在一组平衡力系中，每一个力都是另外几个力的平衡力，如图 1-4 所示，F_1、F_2、F_3 组成的一组平衡力系，F_1 是 F_2、F_3 的平衡力，同样 F_2 也是 F_1 和 F_3 的平衡力。

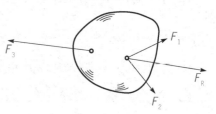

图 1-4 平衡力系

平衡力系中的某一平衡力 F_3，如果大小、作用线都不变，而指向相反，则 F_3 为这组力系中 F_1 和 F_2 的合力 F_R。

1.2.2 二力平衡公理

静力分析基本公理

【观察与思考】

例如，一个硬纸板位于中间，在滑轮的两端挂相同的砝码，如图 1-5 所示。硬纸板会被撕裂吗？这是平衡状态吗？

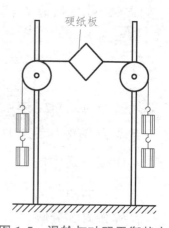

图 1-5 滑轮与砝码平衡状态

硬纸板不会撕裂，因受到的两个拉力是相等的，是均衡的，处于平衡状态。

作用在刚体上的两个力使刚体处于平衡的充要条件是：这两力等值、反向且作用在同一直线上，如图 1-6 所示。

图 1-6 二力平衡公理

这个公理说明了作用在物体上的两个力的平衡条件，在一个物体上只受到两个力的作用而平衡时，这两个力一定要满足二力平衡公理。如把雨伞挂在桌边，雨伞摆动到其重心和挂点在同一铅垂线上时，雨伞才能平衡。因为这时雨伞向下的重力和桌面的向上支撑力在同一直线上。

二力杆：若一根直杆只在两点受力作用而处于平衡，则作用在此两点二力的方向必在这两点的连线上。此直杆称为二力杆。

二力构件：对于只在两点受力作用而处于平衡的一般物体，称为二力构件。

试一试

悬挂着的吊灯，如图 1-7 所示，看看怎样才能平衡，为什么？

图 1-7 吊灯

悬挂着的吊灯，受到竖直向下的重力和吊线对它竖直向上的拉力，二力平衡。

1.2.3 作用与反作用公理

【观察与思考】

人在河里划船，用桨把水排开，船就可以前行，如图1-8所示。这是为什么？

作用力与反作用力

图1-8 划船

船靠向后推水产生的反作用力而前行。

作用力与反作用力公理：当一个物体给另一个物体一个作用力时，另一个物体也同时给该物体以反作用力。作用力与反作用力大小相等、方向相反，且沿着同一直线。例如，人水平推车前进，要向前对车施加压力 F，同时，车也向后对人施加压力 F'，如图1-9所示。作用力与反作用力同时出现，同时消失，说明了在任意两物体间的作用力都是互相的、成对出现的。

应用上述静力学基本公理可以证明静力学的一个基本定理：三力汇交定理。当物体在平衡状态下，在刚体上作用着三个不相互平行的力 F_1、F_2、F_3，若其中两个力 F_1、F_2 的作用线相交于 A 点，则第三个力 F_3 的作用线必通过汇交点 A，如图1-10所示。

证明：由力的可传性原理可知，将力 F_1、F_2 移到这两个力作用线的交点 A，再由力的平行四边形法则，将力 F_1、F_2 合成为一个力 F_R。这样原来三力平衡的问题就变成了二力平衡。这两个力 F_3、F_R 的大小相等，方向相反，且在一条直线上。由此可知，力 F_3 一定通过力 F_1、F_2 的交点 A。

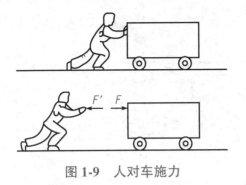

图 1-9 人对车施力

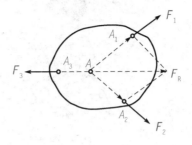

图 1-10 三力汇交定理图

试一试

请一位同学,从河边的小船上走上岸,如图 1-11 所示,会发生什么现象?

图 1-11 人与船

知识链接

二力平衡问题和作用与反作用的关系

不能把二力平衡问题和作用与反作用关系混淆起来。二力平衡公理中的两个力是作用在同一物体上的。作用与反作用公理中的两个力是分别作用在不同物体上,虽然是大小相等,方向相反,作用在同一直线上,但不能平衡。

1.2.4 加减平衡力系公理

【观察与思考】

用同样大小的力推车和拉车,如图 1-12 所示,对车会产生什么效果,是否相同?

图 1-12　人推车和拉车

加减平衡力系公理：在刚体的任一力系上，加上或减去任意的平衡力系，不会改变原力系对刚体的作用效果。因为平衡力系也就是合力等于零的力系，根据牛顿运动定律，它不会改变刚体原有的运动状态。

推论：力的可传性原理

作用在刚体上的力可以沿其作用线移动到刚体上任意一点，而不改变原力对刚体的作用效果，如图 1-13 所示。

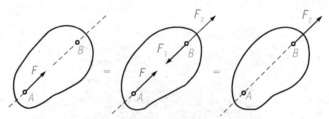

图 1-13　加减平衡力系公理及力的可传性

力的可传性原理是人们日常生活中常见的。如：用绳拉车，或者沿同一直线，以同样大小的力推车，对车产生的运动效果相同。

根据力的可传性原理可知，力对刚体的作用效应与力的作用点在作用线上的位置无关。因此，力的三要素可改为力的大小、方向和作用线。

1.2.5　平行四边形法则

作用在物体上同一点的两个力可以合成为一个合力，其合力作用点在同一点上，合力的方向和大小由原两个力为邻边构成的平行四边形的对角线决定，如图 1-14 所示。这个性质称为力的平行四边形公理。其矢量式为 $R=F_1+F_2$，即合力矢 R 等于二分力 F_1 和 F_2 的矢量和。

力的平行四边形可以简化为力的三角形，即用力的平行四边形的一半来表示，如图 1-14(a)所示，仍以 AB 表示力 F_1，将力 F_2 移到 BD 位置，三角形 ABD 的第三边 AD 就是力 F_1 和 F_2 的合力 F_R。作图的方法是：先通过 a 点画出第一个力 F_1，再以 F_1 的终点 b 作为第二个力 F_2 的起点，画出 F_2，

注意

加减平衡力系公理和力的可传性原理都只适用于研究物体的运动效应（外效应），而不适合于研究物体的变形效应（内效应），即只能研究刚体。

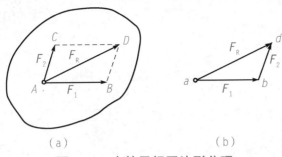

图 1-14　力的平行四边形公理

则三角形的封闭边 *ad* 就代表合力 F_R 的大小和方向，如图 1-14(b)所示。此法也称为力的三角形法则。

　　应用力的平行四边形法则不仅可以将两个力合成为一个力，而且也可以将一个力分解成为两个分力。但是，两个已知力的合力是唯一的，将一个已知力分解为两个分力却能有无穷多种结果。因为以两个力的邻边构成的平行四边形只有一个，以一个力为对角线的平行四边形却不是唯一的，如图 1-15(a)所示，力 *F* 可分解为 F_1 和 F_2，也可以分解为 F_3 和 F_4 等。要想得到唯一的结果就必须给以附加的条件。如可以将一个已知力分解成为两个方向已知的力，或将一个已知力分解成为两个大小已知的力，等等。

　　在解决实际工程问题时，经常需将一个力 *F* 沿两个直角坐标轴方向分解成两个相互垂直的力 F_x 和 F_y，如图 1-15b 所示，其大小可由三角公式确定：

$$\left.\begin{aligned} F_x &= F\cos\alpha \\ F_y &= F\sin\alpha \end{aligned}\right\}$$

$$F = \sqrt{F_x^2 + F_y^2} \tag{1-1}$$

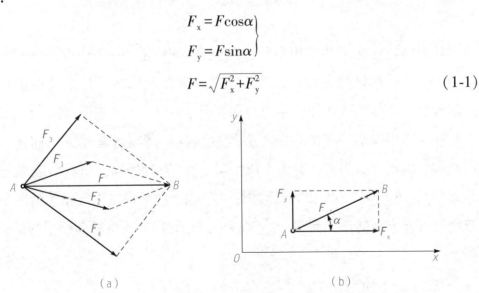

图 1-15　力的分解

1.3 荷 载

1.3.1 荷载的概念

【观察与思考】

冬季大雪把房屋压塌，如图 1-16 所示。这是什么原因？

图 1-16 压塌的房屋

建筑结构在施工和使用期间要承受各种作用。作用在建筑结构上的外力称为荷载。如结构自重、人群、家具、设备、风雪等是主动作用在结构上的外力，使结构或构件产生内力和变形。

确定作用在结构上的荷载，必须根据具体情况对荷载进行简化，略去次要和影响不大的因素，突出本质因素。在结构设计时，采用《建筑结构荷载规范》（GB 50009—2012）规定的标准荷载，它是指在正常使用情况下，建筑物等可能出现的最大荷载，通常略高于其使用期间实际荷载平均值。

1.3.2 荷载的分类

1. 荷载按作用性质分类

荷载按作用性质可分为永久荷载、可变荷载、偶然荷载三类。

（1）永久荷载。永久荷载是在结构使用期间，其值不随时间变化，或其值变化与平均值相比可以忽略不计，或其变化是单调的并能趋于限值的荷载。例如结构自重、土压力等。永久荷载在结构上的作用位置不变。

（2）可变荷载。可变荷载是在结构使用期间，其值随时间变化，或其变化与平均值相比不可以忽略不计的荷载。例如，楼面活荷载、屋面活荷载、吊车荷载、风荷载、雪荷载等。可变荷载作用位置可变。

（3）偶然荷载。偶然荷载是在结构使用期间不一定出现，一旦出现，其值很大，且持续时间很短的荷载。如爆炸力、撞击力等。

2. 荷载按分布情况分类

荷载按分布情况可分为集中荷载和分布荷载两类。

（1）集中荷载。荷载作用面积相对于结构的尺寸较小时，可将其简化为集中作用于某一点上的力，称为集中荷载。例如，人站在板上对板的压力，吊车传给吊车梁的压力，屋架传给柱子的压力等。集中荷载单位是牛顿（N）或千牛顿（kN）。

（2）分布荷载。荷载连续地作用在整个结构或结构的一部分上称为分布荷载。如风荷载、雪荷载等。

连续地分布在物体的体积内的荷载称为体荷载，如重力。体荷载常用单位是牛顿/立方米（N/m^3）或千牛顿/立方米（kN/m^3）；连续地分布在一块面积上的荷载称为面荷载，如楼板上的荷载、挡土墙所受土的压力等。常用单位是牛顿/平方米（N/m^2）或千牛顿/平方米（kN/m^2）；当作用面积的宽度相对于其长度较小时，就可将面荷载简化为连续分布在构件轴线方向的线荷载。如梁的自重可简化为沿梁长分布的线荷载。线荷载常用单位是牛顿/米（N/m）或千牛顿/米（kN/m）。

根据荷载分布是否均匀，分布荷载又分为均布荷载和非均布荷载；当分布荷载在各处的大小均相同时，称作均布荷载；当分布荷载在各处大小不相同时，称作非均布荷载。

【交流与讨论】

如图 1-17 所示，等截面混凝土梁的自重和等截面楼板混凝土的自重是什么荷载？如图 1-18 所示，水对蓄水池壁的压力是什么荷载？

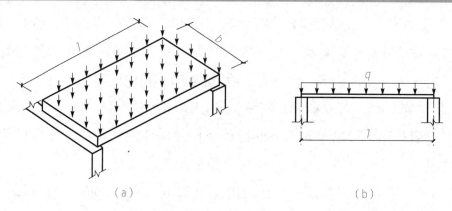

图 1-17　等截面混凝土梁的自重和等截面楼板混凝土的自重

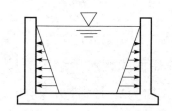

图 1-18　水对蓄水池壁的压力

1.3.3　荷载的计算

在实际工程结构计算中，常使用的荷载为线荷载或集中荷载，因此，需将体荷载和面荷载转化为线荷载或集中荷载。

1. 体荷载化为线荷载的计算

若已知某矩形截面梁，如图 1-19 所示，其计算跨度为 l，截面宽为 b，截面高为 h，材料的体荷载为 γ，那么梁的集中荷载 F 和均布线荷载 q 应分别是多少？

图 1-19　某矩形截面梁

首先应计算出梁的体积 $V=lbh$，梁的横截面面积 $S=bh$，则：
集中荷载

$$F = \gamma V = \gamma lbh \qquad (1-2)$$

均布线荷载

$$q = \frac{F}{l} = \gamma bh = \gamma S \qquad (1-3)$$

⚠ 提示

当欲将均布体荷载化为均布线荷载时，均布线荷载的大小，等于均布体荷载乘以截面面积。

【例1-1】 某现浇钢筋混凝土矩形截面梁，长为 6 m，截面计算尺寸为 200 mm×500 mm，钢筋混凝土体荷载为 24 kN/m³，计算梁的自重及线荷载。

解：（1）计算梁的自重 G。

$$G = \gamma lbh = 24 \times 6 \times 0.2 \times 0.5 = 14.4(\text{kN})$$

（2）计算梁的线荷载 q。

$$q = \gamma S = \gamma bh = 24 \times 0.2 \times 0.5 = 2.4(\text{kN/m})$$

2. 均布面荷载化为均布线荷载的计算

当板面上受到均布面荷载作用时，需要将它简化为沿板跨度方向均匀分布的线荷载。如图 1-17(a)所示的平板，板宽为 b，板跨度为 l，若在板上受到均匀分布的面荷载为 q'，那么，在这块板上受到的全部荷载 F 为：

$$F = q'bl \qquad (1-4)$$

而沿板跨度 l 方向的均匀分布的线荷载 q 为：

$$q = q'b \qquad (1-5)$$

⚠ 提示

可见均布面荷载简化为均布线荷载时，均布线荷载的大小，等于均布面荷载的大小乘以受荷宽度。

【例1-2】 如图 1-17(a)所示，板上作用的均布荷载为 2 500 N/m²，板宽为 3 m，板跨度为 6 m，求板上的均布线荷载。

解：板上均布线荷载

$q = q'b$

$\quad = 2\ 500 \times 3$

$\quad = 7\ 500(\text{N/m})$

1.4 约束与约束力

1.4.1 约束与约束力的概念

【观察与思考】

为什么机车只能沿轨道运动；为什么电机转子只能绕轴线转动；为什么重物被钢索吊住而不能下落？

有些物体在空间的位移不受任何限制，如飞行的飞机、气球、炮弹和火箭等，这种位移不受任何限制的物体称为自由体。而有些物体在空间的位移却受到一定的限制，如机车受到铁轨的限制，只能沿轨道运动；电机转子受轴承的限制，只能绕轴线转动；重物被钢索吊住而不能下落等。这种位移受到限制的物体称为非自由体。对非自由体的某些位移起限制作用的周围物体称为约束。如铁轨对于机车、轴承对于电机转子、钢索对于重物等，都是约束。

约束限制非自由体的运动，能够起到改变物体运动状态的作用。从力学角度来看约束对非自由体有作用力。约束作用在非自由体上的力称为约束反力，简称为约束力或反力。约束反力的方向必与该约束所限制位移的方向相反，这是确定约束反力方向的基本原则。至于约束反力的大小和作用点，前者一般未知，需要用平衡条件来确定；作用点一般在约束与非自由体的接触处。若非自由体是刚体，则只需确定约束反力作用线的位置即可。

1.4.2 几种常见的约束及约束力

1. 柔体约束

【观察与思考】

绳索悬挂一重物，如图1-20所示，这属于什么约束？它的受力图如何画？

钢丝绳、皮带、链条等软体用于限制物体的运动时都是柔体约束。由于柔性软约束只能限制物体沿绳索方向背离绳索的运动，所以绳索对物体的约束力的方向必须是沿绳索中心线而背离物体的。因此，绳索只能给物体以拉力的作用，通常用 F_A 表示，如图 1-21 所示。

图 1-20　绳索悬挂一重物

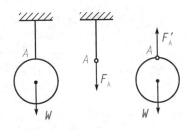

图 1-21　绳索柔体约束

链条或胶带绕在轮子上时，对轮子的约束反力沿轮缘切线方向，如图 1-22 所示。

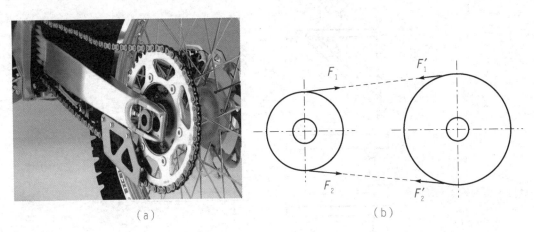

（a）　　　　　　　　　　（b）

图 1-22　柔体约束

☑ 记住

柔体约束的约束力通过接触点，沿柔体中心线，背离被约束物体，为拉力。

2. 光滑接触面约束

当物体在接触处的摩擦力很小，可以略去不计时，它所受的就是光滑接触面约束。这种约束只能限制物体沿着光滑面的垂线并指向光滑面的运动，而不能限制物体沿着光滑面或离开光滑面的运动。所以，光滑面的约束力是通过接触点，沿接触面在该点的垂线方向作用的压力，即指向被约束的物体，常用字母 F_A 表示，如图 1-23 所示。

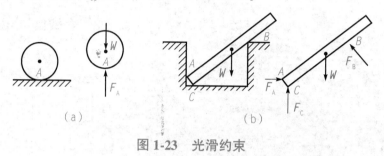

（a） （b）

图 1-23 光滑约束

3. 链杆约束

【观察与思考】

在生活和工程中常看到如图 1-24(a) 所示的三角支架，直杆 BC 对横杆 AB 起着怎样的约束作用？

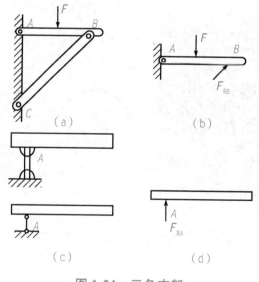

(a) (b)

(c) (d)

图 1-24 三角支架

直杆 BC 只能限制杆 AB 沿杆 BC 的轴线方向的运动，而不能限制其他方向的运动。

两端用铰链与物体连接而不计自重的钢直杆称为链杆，如图 1-25(a) 所示。它能阻止物体沿链杆方向分开或趋近，但不能阻止其他方向的运动，因此，链杆的约束力的方向只能是沿链杆的轴线，而指向由受力情况而定，如图 1-25(b)所示的 $\boldsymbol{F}_{RC}$，链杆的计算简图和约束力如图 1-25(c)、(d)所示。平开门窗连接用的合页就是圆柱铰链的例子。

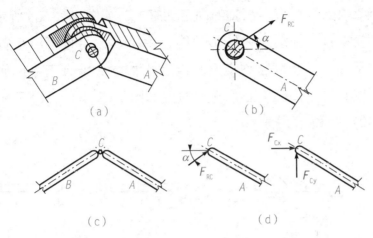

（a） （b）

（c） （d）

图 1-25 链杆约束

注意⚡

链杆的约束力沿链杆轴线方向，指向不定。

4. 三种支座

工程上，把构件连接在墙、柱、基础等支承物上的装置称为支座。通常把它简化为三种支座。

（1）可动铰支座。

【观察与思考】

如图 1-26 所示，生活中常见的大型钢梁、钢筋混凝土桥梁的伸缩缝处的梁端，采用什么支座约束？

（a）

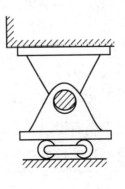

（b）

图 1-26 横梁支承在砖墙上

大型钢梁、钢筋混凝土桥梁的伸缩缝处的梁端采用可动铰支座，如图1-26所示。其作用是：当因热胀冷缩而长度稍有变化时，可动铰支座相应地沿支承面滑动，从而避免温度变化引起的不良后果。

将铰链支座安装在带有滚轴的固定支座上，如图1-27(a)所示，这种支座称为可动铰支座。被约束物体不但能自由转动，而且可沿平行于支座底面的方向任意移动。所以这种支座只能阻止物体沿垂直于支座底面的方向运动，作用线必通过铰链中心，它的简图如图1-27(b)、(c)所示，支座约束力如图1-27(d)所示。

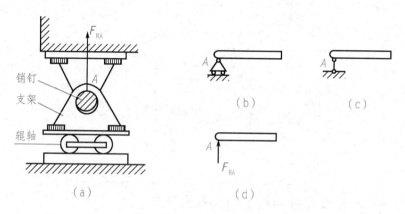

图 1-27 可移动铰支座

【交流与讨论】

一根横梁通过混凝土垫块支撑在砖柱上，如图1-28所示。试讨论梁的受力现象。

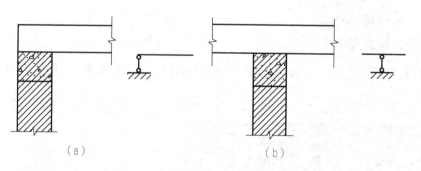

图 1-28 横梁混凝土垫块支撑

这种支撑情况不允许梁的支撑点竖向移动，但很难阻止支撑点沿支撑面上稍有滑动，也阻止不了梁绕支撑点转动，因此，这种支撑情况可简化为可移动铰支座。

记住

可动铰支座的约束力通过销钉中心，垂直于支承面方向，指向不定。

（2）固定铰支座。

【观察与思考】

如图1-29所示，工程中常见柱子插入杯形基础中，这种基础属于什么支座？

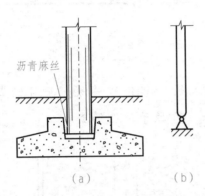

图1-29 柱子插入杯形基础

柱子插入杯形基础后，在杯口周围用沥青麻丝作填料时，基础允许柱子在荷载作用下产生微小转动，但不允许柱子上下左右移动，故这种基础可简化为固定铰支座，如图1-29所示。

铰链结构中有两个构件，若其中一个固定于基础或静止的支承面上，此时称铰链约束为固定铰支座。固定铰支座的结构简图及其约束反力如图1-30所示。此外，工程中的轴承也可视为固定铰支座约束。

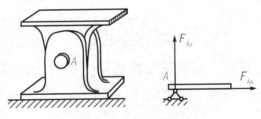

图1-30 固定铰支座

知识链接

固定铰支座

　　屋架的端部支撑在柱子上，并将预埋在屋架和柱子上的两块钢板焊接起来。它可以阻止屋架上下左右移动，但因焊缝长度有限，不能限制屋架的微小移动，故柱子对屋架的约束可简化为固定铰支座，如图1-31所示。

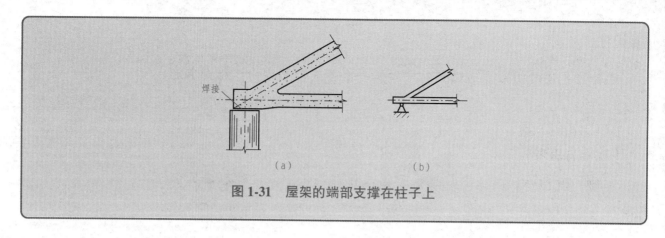

图 1-31 屋架的端部支撑在柱子上

（3）固定端约束。

【观察与思考】

钢筋混凝土柱，插入基础部分足够深，而且四周用混凝土与基础浇筑在一起，如图 1-32 所示，这属于什么约束？

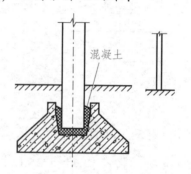

图 1-32 钢筋混凝土柱固定端支座

> **记住**
>
> 固定铰支座的约束力通过销钉中心，指向不定，常用两个互相垂直的未知力表示。

固定端约束结构如图 1-33（a）所示，固定端约束既限制构件沿任何方向的移动，又限制构件转动。如对于嵌在墙体内的悬臂梁来说，墙体即为固定端约束。其结构简图及约束反力分别如图 1-33（b）、（c）所示。

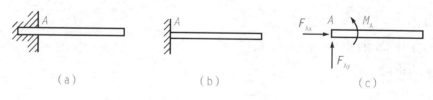

图 1-33 固定端约束结构

> **记住**
>
> 固定端支座的约束力除了水平反力与竖向反力外，还有一个力偶，方向均未知。

**知识链接**

固定端支座

在工程中，固定端支座应用广泛，如雨篷、阳台的挑梁，现浇钢筋混凝土基础等，如图1-34所示。

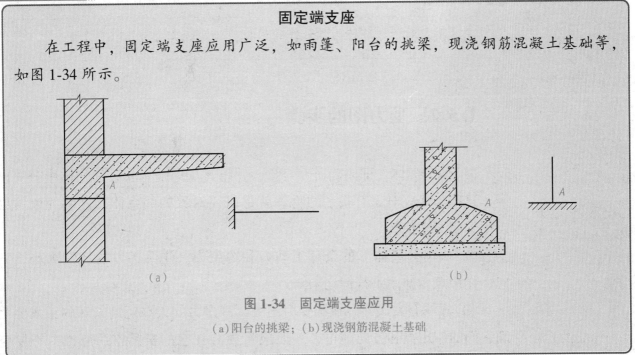

图1-34 固定端支座应用

(a)阳台的挑梁；(b)现浇钢筋混凝土基础

1.5 受力图

1.5.1 受力图的概念

在工程实际中，通常是几个物体或构件相互联系，形成一个系统。例如板放在梁上，梁支承在柱子上，柱子支承在基础上，形成了房屋的传力系统。因此，进行受力分析前必须要明确对哪一个物体或构件进行受力分析，即要明确研究对象。为了分析研究对象的受力情况，又必须弄清研究对象与哪些物体有联系？受到哪些力的作用？这些力是什么物体施加的？哪些是已知力？哪些是未知力？为此，需要将研究对象从其周围的物体中分离出来。被分离出来的研究对象称为分离体(或脱离体)。在分离体上画出周围物体对它的全部作用力(包括主动力和约束力)，这样的图形称为分离体图，又称受力图。

⚠ **提示**

受力图是对物体进行力学计算的依据，必须认真对待，准确无误。

1.5.2 受力图的步骤

（1）取分离体。即明确研究对象，并将其从周围有联系的物体中分离出来。这些与研究对象有联系的物体就是研究对象的约束体，这些约束体可以用约束力来代替。

（2）画出分离体上的全部主动力和约束力。注明各力的已知大小、方向、作用点，并用字符标记未知力。

（3）标注有关尺寸。在画受力图时，许多力的大小还是未知的，只要明确它们的作用点和方向即可，一般应将力画在它的实际作用点处，不要应用力的可传性将其任意移动，某些力的方向暂时无法确定时，可先假设，等计算后再根据计算结果的正负号进行修正。

【例1-3】 重 W 的球，用绳索系住并靠在光滑的斜面上，如图1-35（a）所示。试画出球的受力图。

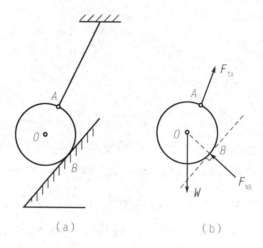

（a）　　　　　　　　（b）

图1-35　例1-3图

解：（1）取球为研究对象，把它单独画出来。

（2）作用在球上的主动力是已知的重力 W，作用于球心并铅垂向下。

（3）根据约束性质画约束力。光滑斜面对球的约束力是 F_{NB}，它通过接触点 B 并指向球心；绳索对球的约束力是 F_{TA}，它通过接触点 A 并沿绳的中心线而背离球。球的受力图如图1-35(b)所示。

【例1-4】 一杆件支撑于方槽内，支撑面为光滑面，如图1-36(a)所示，试画出杆件的受力图。

解：(1)取杆件为研究对象，并单独画出其轮廓图。

(2)与杆件有联系的物体有与方槽相接触的 A、B、C 三点和地球。

(3)点 A 与点 B 是点与面接触，其反力 F_{NA} 和 F_{NB} 垂直于接触面，力的方向背离接触面；点 C 是点与杆接触，其反力 F_{NC} 垂直于杆的轴线，指向杆件；杆件受到的地球引力 G 作用于杆件的重心，垂直于地球表面，受力图如图1-36(b)所示。

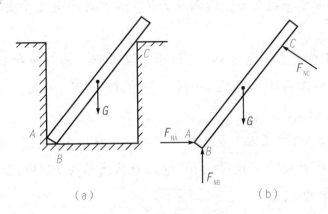

图1-36 例1-4图

【例1-5】 梁 AB 的自重不计，其支承及受力情况如图1-37(a)所示，试画出梁的受力图。

解：(1)以梁 AB 为研究对象，将其单独画出。

(2)作用在梁上的主动力是已知力 F。

(3)A 端是固定铰支座，其约束力可用两个互相垂直的分力 F_{Ax} 和 F_{Ay} 表示；B 端为可动铰支座，其约束力是与支承面垂直的 F_{NB}，其指向不定，因此，可任意假设指向上方(或下方)，如图1-37(b)所示。

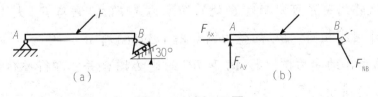

图1-37 例1-5图

【例1-6】 试画出图1-38所示梁 AB 及 BC 的受力图。

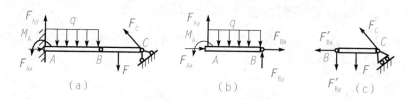

图 1-38 例 1-6 图

解： (1) 对于由 *AB* 和 *BC* 梁组成的结构系统整体如图 1-38(a) 所示，承受的外荷载是 *AB* 梁上的均匀分布荷载 *q* 和 *BC* 段上的集中力 *F*。*A* 端的约束是固定端约束，其两个反力和一个反力偶分别用 F_{Ax}、F_{Ay} 和 M_A 表示，方向假设如图。*C* 端为滚动支座，约束反力 F_C 的作用线垂直于支承面且通过铰链 *C* 的中心。

(2) 梁 *AB* 的受力如图 1-38(b) 所示。梁上作用着分布荷载 *q*。固定端 *A* 处约束力的表示应与图 1-38(a) 一致，即有 F_{Ax}、F_{Ay} 和 M_A。*B* 处中间铰约束反力用 F_{Bx} 和 F_{By} 表示。

(3) 图 1-38(c) 中梁 *BC* 受外力 *F* 作用，依据图 1-38(b)，由作用力与反作用力关系可将 *B* 处中间铰对梁 *BC* 的约束力表示为 F'_{Bx} 和 F'_{By}。*C* 处约束力即图 1-38(a) 中的 F_C。

【例 1-7】 三铰拱 *ACB* 受已知力 F 的作用，如图 1-39(a) 所示。如不计三铰拱的自重。试画出 *AC*、*BC* 和整体 (*AC* 和 *BC* 一起) 的受力图。

解： (1) 画 *AC* 的受力图。取 *AC* 为研究对象，由 *A* 处和 *C* 处的约束性质可知其约束力分别通过两铰中心 *A*、*C*，大小和方向未知。但因 *AC* 上只受 F_{RA} 和 F_{RC} 两个力的作用且平衡，它是二力构件，所以 F_{RA} 和 F_{RC} 的作用线一定沿着两铰中心的连线 *AC*，且大小相等，方向相反，其指向是假定的，如图 1-39(b) 所示。

(2) 画 *BC* 的受力图。取 *BC* 为研究对象，作用在 *BC* 上的主动力是已知力 F。*B* 处为固定铰支座，其约束力是 F_{Bx} 和 F_{By}。*C* 处通过铰链与 *AC* 相连，由作用和反作用关系可以确定 *C* 处的约束力是 F'_{RC}，它与 F_{RC} 大小相等，方向相反，作用线相同。*BC* 的受力图如图 1-39(c) 所示。

(3) 画整体的受力图。将 *AC* 和 *BC* 的受力图合并，即得整体的受力图，如图 1-39(d) 所示。

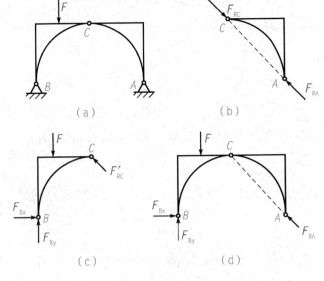

図 1-39　例 1-7 图

知识要点

一、力的概念

1. 力的定义

力是一个物体对另一个物体的相互机械作用，这种作用使物体的运动状态发生改变或者使物体的形状发生改变。

2. 力的本质

力的本质是物体间的相互机械作用。

3. 力的效应

力的效应是使物体的运动状态改变，或使物休产生变形。

4. 力的三要素

力对物体作用的效应取决于力的三个要素，即力的大小、方向和作用点。

5. 矢量

力是既有大小，又有方向的物理量，把这种既有大小，又有方向的量称为矢量。

二、静力学公理

1. 二力平衡公理

二力杆：若一根直杆只在两点受力作用而处于平衡，则作用在此两点的二力的方向必在这两点的连线上。此直杆称为二力杆。

二力构件：对于只在两点受力作用而处于平衡的一般物体，称为二力构件。

2. 作用与反作用公理

作用力与反作用力公理：当一个物体给另一个物体一个作用力时，另一个物体也同时给该物体以反作用力。作用力与反作用力大小相等、方向相反，且沿着同一直线。

3. 加减平衡力系公理

加减平衡力系公理：在刚体上的任一力系上，加上或减去任意的平衡力系，不会改变原力系对刚体的作用效果。

4. 力的平行四边形公理

力的平行四边形公理：作用在物体上同一点的两个力可以合成为一个合力，其合力作用点在同一点上，合力的方向和大小由原两个力为邻边构成的平行四边形的对角线决定。

三、荷载

1. 荷载的概念

作用在建筑结构上的外力称为荷载。

2. 荷载的分类

（1）荷载按作用性质分类。

荷载按作用性质可分为永久荷载、可变荷载、偶然荷载三类。

（2）荷载按分布情况分类。

荷载按分布情况可分为集中荷载和分布荷载两类。

四、约束与约束力

1. 约束

约束限制非自由体的运动，能够起到改变物体运动状态的作用。

2. 约束力

约束作用在非自由体上的力称为约束反力，简称为约束力或反力。

3. 常见的几种约束及其约束力

柔体约束、光滑接触面约束、链杆约束、可动铰支座、固定铰支座、固定端约束。

五、受力图

1. 受力图的概念

在分离体上画出周围物体对它的全部作用力(包括主动力和约束力)，这样的图形称为分离体图，又称受力图。

2. 受力图的步骤

(1)取分离体。
(2)画出分离体上的全部主动力和约束力。
(3)标注有关尺寸。

问题探讨

1. 物体间的相互作用可以_____，也可以不_____。

2. 力的效应是使物体的运动状态改变，或使物体产生_____。

3. 力对物体作用的效应取决于力的三个要素：力的_____、_____和作用点。

4. 由力的作用点，沿力的_____方位画出的直线就表示力的作用线，这就是力的图示法。

5. 荷载按作用性质可分为_____、_____、偶然荷载三类。

6. 钢丝绳、皮带、链条等软体用于限制物体的运动时都是_____。

7. 力的本质包括哪些内容？

8. 什么是作用力与反作用力公理？

9. 什么是永久荷载？试举例说明。

10. 什么是集中荷载？试举例说明。

11. 什么是光滑接触面约束？它有什么作用？

12. 什么是可动铰支座？它有什么作用？

13. 什么是分离体？什么是受力图？

技能训练

1. 图 1-40 中的梯子 AB 重为 G，在 C 处用绳索拉住，A、B 处分别搁在光滑的墙及地面上。试画出梯子的受力图。

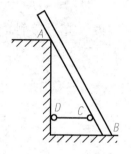

图 1-40　技能训练题 1 图

2. AB 梁自重不计，其支承和受力情况如图 1-41 所示，试画出梁的受力图。

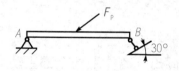

图 1-41　技能训练题 2 图

3. 已知连杆滑块机构如图 1-42 所示，受力偶 M 和力 F 作用，试画出各构件和整体的受力图。

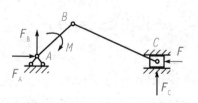

图 1-42　技能训练题 3 图

4. 三角支架各杆自重不计，已知受力如图 1-43 所示，试画出销 *B*、*AB* 杆、*BC* 杆的受力图。

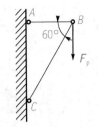

图 1-43　技能训练题 4 图

5. 已知悬臂杆受力情况如图 1-44 所示，梁自重不计，试画梁 *AB* 的受力图。

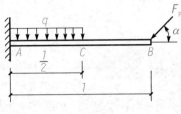

图 1-44　技能训练题 5 图

项目 2 平面力系的平衡

基础知识

力的投影、力矩、力偶、平面汇交力系的平衡、平面一般力系的平衡条件。

岗位技能

能够用平行四边形法则进行力的分解，会计算力的投影；能够解释力矩、力偶的概念及性质；能够用平面汇交力系、平面一般力系的平衡方程计算简单的平衡问题。

2.1 力的投影

2.1.1 力在直角坐标轴上的投影

图 2-1 树荫

【观察与思考】

在一天的不同时段里，树苗留在地面上的影子长度是不同的，如图 2-1 所示。这是什么原因呢?

这是因为在不同时间段太阳在移动，太阳光照射树苗的角度是不同的，因而树苗留在地面上的影子(即投影)长度也就随之变化。

设力 F 从 A 指向 B。在力 F 的作用平面内取直角坐标系 xOy，从力 F 的起点 A 及终点 B 分别向 x 轴和 y 轴作垂线，得交点 a、b 和 a_1、b_1，并在 x 轴和 y 轴上得线段 ab 和 a_1b_1，如图 2-2 所示。线段 ab 和 a_1b_1 的长度加正号或负号，叫作 F 在 x 轴和 y 轴上的投影，分别用 F_x、F_y 表示。即

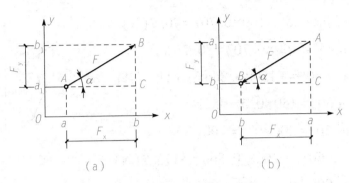

图 2-2 力在直角坐标轴上的投影

$$F_x = \pm ab = \pm F\cos\alpha \qquad (2\text{-}1)$$
$$F_y = \pm a_1b_1 = \pm F\sin\alpha \qquad (2\text{-}2)$$

投影的正负号的规定：从投影的起点 a 到终点 b 与坐标轴的方向一致时，该投影取正号；与坐标轴的正向相反时，取负号。因此，力在坐标轴上的投影是代数量。

$$F_x = F\cos\alpha \text{ 或 } F_x = -F\cos\alpha \qquad (2\text{-}3)$$
$$F_y = F\sin\alpha \text{ 或 } F_x = -F\sin\alpha \qquad (2\text{-}4)$$

当力与坐标轴垂直时，力在该轴上的投影为零；当力与坐标轴平行时，其投影的绝对值与该力的大小相等；当力平行移动后，在坐标轴上的投影不变。这就是力的投影的三个性质。

如果 F 在坐标轴 x、y 上的投影 F_x、F_y 为已知，则由图 2-2 中的几何关系可以确定力 F 的大小和方向，即

$$F = \sqrt{F_x^2 + F_y^2} \qquad (2\text{-}5)$$

$$\tan\alpha = \left| \frac{F_y}{F_x} \right| \qquad (2\text{-}6)$$

式中 a——力 F 与 x 轴所夹的锐角。

力 F 的具体指向由两投影正、负号来确定。

力在坐标轴上的投影与力沿坐标轴的分力是不相同的。力的投影是代数量，而分力是有大小、方向、作用点的矢量。

2.1.2 力的投影的计算

【例2-1】 求各力在 x、y 轴上的投影，如图2-3所示。已知 $F_1 = 100$ N，$F_2 = 150$ N，$F_3 = F_4 = 200$ N。

解： $F_{x1} = F_1 \cos 45° = 100 \times 0.707 = 70.7$ (N)

$F_{y1} = F_1 \sin 45° = 100 \times 0.707 = 70.7$ (N)

$F_{x2} = -F_2 \cos 30° = -150 \times 0.866 = -129.9$ (N)

$F_{y2} = F_2 \sin 30° = 150 \times 0.5 = 75$ (N)

$F_{x3} = F_3 \cos 60° = 200 \times 0.5 = 100$ (N)

$F_{y3} = -F_3 \sin 60° = -200 \times 0.866 = -173.2$ (N)

$F_{x4} = F_4 \cos 90° = 0$

$F_{y4} = -F_4 \sin 90° = -200 \times 1 = -200$ (N)

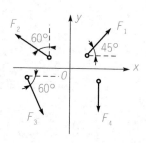

图2-3 例2-1图

☑记住

力的投影的三个性质。

2.2 力 矩

2.2.1 力矩的概念

【观察与思考】

人用一根杆撬石头，石头会发生移动；人用力压抽水机，水会从井里抽上来，如图2-4所示，这是为什么？

图2-4 力矩

人用一根杆撬石头，石头会发生移动与转动，这是力矩的作用，人用力压抽水机，水会从井里抽上来，这是利用力矩使物体发生位移。力对物体的作用，不仅能使物体产生移动还能使物体产生转动。

1. 力矩的概念

力对物体的作用，既能产生平动效应，又能产生转动效应，用扳手拧紧螺母是力对物体产生转动效应的实例。如图 2-5 所示，现将力 F 对某一点 O 的转动效应称为力 F 对 O 点的矩，简称力矩。点 O 称为矩心，点 O 到 F 作用线的距离称为力臂，以字母 d 表示。力 F 对矩心 O 的距可以表示成为

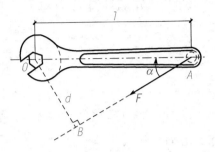

图 2-5 扳手拧紧螺母

$$M_O(F) = \pm Fd \qquad (2\text{-}7)$$

力使刚体绕矩心转动的方向，称为力矩的转向。通常规定：以逆时针转向为正，顺时针转向为负。在平面力系中，力矩只有正、负两种情况，力矩是代数量。力矩的单位是牛·米（N·m）或千牛顿·米（kN·m）。

由力矩的定义可知：

(1) 力 F 对 O 点的力矩不仅取决于力 F 的大小，还与矩心 O 的位置有关。

(2) 力 F 对任一点的力矩，不会因该力沿其作用线移动而改变，是因为 d 不变。

(3) 力矩作用线通过矩心时，力矩等于零，是因为 $d=0$。

✅ 记住

计算力臂必须要从矩心到力的作用线作垂线，这样求出的矩心到垂足的距离才是力臂。

注意⚡

力矩的大小和转向不仅与力有关，而且还与矩心的位置有关。

2. 合力矩定理

平面力系的合力对于其平面上任一点的力矩等于各分力对于同一点力矩的代数和。如图 2-6 所示，在刚体的 O 点作用力 F_1、F_2 的合力为 F_R。而任一点 K 到力 F_1、F_2、F_R 作用线的垂直距离分别为 d_1、d_2、d。

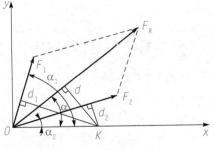

图 2-6 平面力系的合力

求证：

$$M_K(\boldsymbol{F}_R) = M_K(\boldsymbol{F}_1) + M_K(\boldsymbol{F}_2) \tag{2-8}$$

证明：分别计算各力对 K 点的力矩为

$$M_K(\boldsymbol{F}_1) = -F_1 d_1$$

$$M_K(\boldsymbol{F}_2) = -F_2 d_2$$

$$M_K(\boldsymbol{F}_R) = -F_R d$$

以 O、K 的连接线为 x 轴，取 y 轴与 x 轴垂直，设 $\boldsymbol{F}_1$、$\boldsymbol{F}_2$、$\boldsymbol{F}_R$ 与 x 轴的夹角为 α_1、α_2、α。

由合力投影定理可知

$$F_{Ry} = F_{1y} + F_{2y}$$

$$F_R \sin\alpha = F_1 \sin\alpha_1 + F_2 \sin\alpha_2$$

等式两边同乘以长度 OK，可得

$$F_R OK \sin\alpha = F_1 OK \sin\alpha_1 + F_2 OK \sin\alpha_2$$

由图 2-6 可知

$$d_1 = OK \sin\alpha_1$$

$$d_2 = OK \sin\alpha_2$$

所以

$$F_R d = F_1 d_1 + F_2 d_2$$

即

$$M_K(\boldsymbol{F}_R) = M_K(\boldsymbol{F}_1) + M_K(\boldsymbol{F}_2)$$

如果合力 F_R 是由作用在 O 点的任意 n 个力 $\boldsymbol{F}_1$，$\boldsymbol{F}_2$，$\cdots$，$\boldsymbol{F}_n$ 合成的，上式可以推广为

$$M_K(\boldsymbol{F}_R) = M_K(\boldsymbol{F}_1) + M_K(\boldsymbol{F}_2) + \cdots + M_K(\boldsymbol{F}_n) = \sum M_K(\boldsymbol{F}) \tag{2-9}$$

2.2.2 力矩的计算

【例 2-2】 如图 2-7 所示，$F_1 = 20$ kN，$F_2 = 10$ kN，$F_3 = 30$ kN。试求各力对 O 点的力矩。

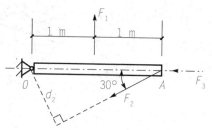

图 2-7 例 2-2 图

解：由力矩定义可得

$M_O(\boldsymbol{F}_1) = F_1 d_1 = 20 \times 1 = 20(\text{kN} \cdot \text{m})$

$M_O(\boldsymbol{F}_2) = -F_2 d_2 = -10 \times 2 \times \sin30° = -10(\text{kN} \cdot \text{m})$

$M_O(\boldsymbol{F}_3) = F_3 d_3 = 30 \times 0 = 0$

【**例 2-3**】　分别计算图 2-8 所示的 $\boldsymbol{F}_1$、$\boldsymbol{F}_2$ 对 O 点的力矩。

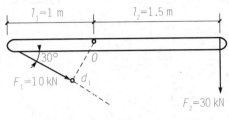

图 2-8　例 2-3 图

解：根据式 $M_O(\boldsymbol{F}) = \pm Fd$，得

$M_O(\boldsymbol{F}_1) = F_1 \cdot d_1 = 10 \times 1 \times \sin30°$

$\qquad = 5(\text{kN} \cdot \text{m})$

$M_O(\boldsymbol{F}_2) = -F_2 \cdot d_2 = -30 \times 1.5$

$\qquad = -45(\text{kN} \cdot \text{m})$

【**例 2-4**】　如图 2-9 所示，每 1 m 长挡土墙所受土压力的合力为 $\boldsymbol{R}$，它的大小 $R = 200$ kN，方向如图中所示，求土压力 $\boldsymbol{R}$ 使墙倾覆的力矩。

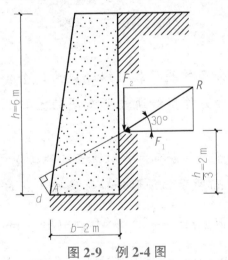

图 2-9　例 2-4 图

解：土压力 $\boldsymbol{R}$ 可使挡土墙绕 A 点倾覆，求 $\boldsymbol{R}$ 使墙倾覆的力矩，就是求它对 A 点的力矩。由于 $\boldsymbol{R}$ 的力臂求解较麻烦，但如果将 $\boldsymbol{R}$ 分解为两个分力 $\boldsymbol{F}_1$ 和 $\boldsymbol{F}_2$，则两分力的力臂是已知的。为此，根据合力矩定理，合力 $\boldsymbol{R}$ 对 A 点之矩等于 $\boldsymbol{F}_1$、$\boldsymbol{F}_2$ 对 A 点之矩的代数和。则

$$M_A(\boldsymbol{R}) = M_A(\boldsymbol{F}_1) + M_A(\boldsymbol{F}_2) = F_1 \cdot \frac{h}{3} - F_2 \cdot b$$

$$= 200 \times \cos 30° \times 2 - 200 \times \sin 30° \times 2$$
$$= 146.41 (\text{kN} \cdot \text{m})$$

【例 2-5】 如图 2-10 所示，求汇交于 B 点各力的合力对于 A 点的力矩。已知 $F_1 = 10 \text{ N}$、$F_2 = 20 \text{ N}$、$F_3 = 5 \text{ N}$，杆 $AB = 3 \text{ m}$。

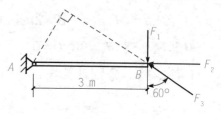

图 2-10 例 2-5 图

解： 由合力矩定理得

$$M_A(F_R) = \sum M_A(F)$$
$$= M_A(F_1) + M_A(F_2) + M_A(F_3)$$
$$= -F_1 d_1 + F_2 d_2 + F_3 d_3$$
$$= -10 \times 3 + 20 \times 0 + 5 \times 3 \times \sin 30°$$
$$= -22.5 (\text{N} \cdot \text{m})$$

【例 2-6】 求图 2-11 所示各分布荷载对 A 点的力矩。

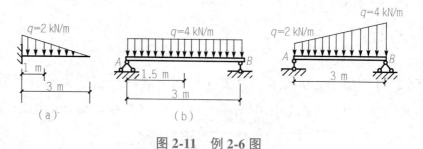

图 2-11 例 2-6 图

解： 沿直线平行分布的线荷载可以合成为一个合力。合力的方向与分布荷载的方向相同，合力作用线通过荷载图的重心，其合力的大小等于荷载图的面积。

根据合力矩定理可知，分布荷载对某点的矩就等于其合力对该点之矩。

(1)计算图 2-11(a)所示三角形分布荷载对 A 点的力矩

$$M_A(q) = -\frac{1}{2} \times 2 \times 3 \times 1 = -3 (\text{kN} \cdot \text{m})$$

(2)计算图 2-11(b)所示均布荷载对 A 点的力矩

$$M_A(q) = -4 \times 3 \times 1.5 = -18 (\text{kN} \cdot \text{m})$$

(3)计算图 2-11(c)所示梯形分布荷载对 A 点的矩。此时为避免求梯形形心，可将梯形分布荷载分解为均布荷载和三角形分布荷载，其合力分别为 R_1 和 R_2，则有

$$M_A(q) = -2 \times 3 \times 1.5 - \frac{1}{2} \times 2 \times 3 \times 2 = -15 (\text{kN} \cdot \text{m})$$

⚠ 提示

在日常施工中，必须防止因力矩过短，绳索而被拉断的事故。

2.3 力 偶

2.3.1 力偶与力偶矩

【观察与思考】

在日常生活中，司机用双手操纵方向盘[图2-12(a)]，木工用丁字头螺丝钻钻孔[图2-12(b)]，以及用拇指和食指开关自来水龙头或拧钢笔套等。这种力称为什么？

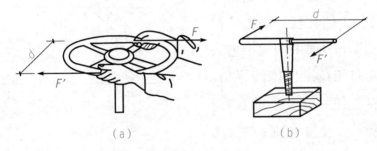

图 2-12 力偶

1. 力偶

这种大小相等、方向相反、作用线不重合的两个平行力称为力偶，用符号(F，F')表示。力偶的两个力作用线间的垂直距离 d 称为力偶臂，力偶的两个力所构成的平面称为力偶作用面。

 提示

组成力偶的两个力不是一对平衡力，虽然大小相等、方向相反，但作用线不在同一线上。

平面力偶

2. 力偶矩

力偶矩与力矩类似，用 F 与 d 的乘积来度量力偶对物体的转动效应，并把这一乘积冠以适当的正负号称，用 M 表示，即

$$M = \pm Fd \qquad (2\text{-}10)$$

实践表明，力偶的力 F 越大，或力偶臂越大，则力偶使物体的转动效

应就越强；反之就越弱。式中正负号表示力偶矩的转向。通常规定：若力偶使物体作逆时针方向转动时，力偶矩为正；反之为负。在平面力系中，力偶矩是代数量。力偶矩的单位与力矩相同，常用牛顿·米（N·m）或千牛·米（kN·m）表示。

【交流与讨论】

要使边长 $a=4$ m、$b=2$ m 的矩形钢板转动，需加力 $F=F'=200$ N，如图 2-13 所示。若想最省力应如何加力？求最小的力。

图 2-13 矩形钢板转动

2.3.2 力偶的性质

（1）力偶没有合力，不能用一个力来代替。力偶在任一轴上的投影等于零。由于力偶中的两个力大小相等、方向相反、作用线平行，如果求它们在任一轴 x 上的投影，如图 2-14 所示，设力与轴 x 的夹角为 α，由图可得：

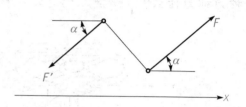

图 2-14 力偶中力在轴 x 上的投影

$$\sum X = F\cos\alpha - F'\cos\alpha = 0 \qquad (2\text{-}11)$$

知识链接

力偶和力的关系

既然力偶在轴上的投影为零，那么力偶对物体只能产生转动效应，而一个力在一般情况下，对物体可产生移动和转动两种效应。

力偶和力对物体的作用效应不同，说明力偶不能用一个力来代替，即力偶不能简化为一个力，因而力偶也不能和一个力平衡，力偶只能与力偶平衡。

（2）力偶对其作用面内任一点的矩都等于力偶矩，与矩心位置无关。

力偶的作用是使物体产生转动效应，所以力偶对物体的转动效应可以用力偶的两个力对其作用面某一点的力矩的代数和来度量。图 2-15 所示力偶（F，F'），力偶臂为 d，逆时针转向，其力偶矩为

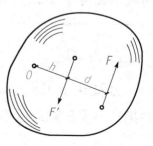

图 2-15 力偶时作用面
内任一点的矩

$m=Fd$，在该力偶作用面内任选一点 O 为矩心，设矩心与 F' 的垂直距离为 h。显然力偶对 O 点的力矩为

$$M_O(F，F')=F(d+h)-F' \cdot h=Fd=m \qquad (2\text{-}12)$$

此值就等于力偶矩。这说明力偶对其作用面内任一点的矩恒等于力偶矩，而与矩心的位置无关。

（3）同一平面内的两个力偶，如果它们的力偶矩大小相等、转向相同，则这两个力偶等效，称为力偶的等效性。

（4）力偶的推论：

1）在平面内任意移转，而不会改变它对物体的转动效应。

例如图 2-16（a）所示，作用在方向盘上的两个力偶 $(P_1，P_1')$ 与 $(P_2，P_2')$，只要它们的力偶矩大小相等，转向相同，作用位置虽不同，但转动效应是相同的。

2）在保持力偶矩大小和转向不变的条件下，可以任意改变力偶的力的大小和力偶臂的长短，而不改变它对物体的转动效应。

例如图 2-16（b）所示，在攻螺纹时，作用在纹杆上的 $(F_1，F_1')$ 或 $(F_2，F_2')$ 虽然 d_1 和 d_2 不相等，但只要调整力的大小，使力偶矩 $F_1d_1=F_2d_2$，则两力偶的作用效果是相同的。

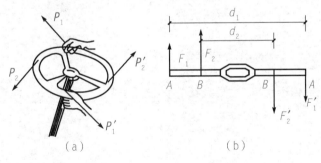

（a）　　　　　（b）

图 2-16　力偶的两个推论

⚠ 提示

力偶对于物体的转动效应完全取决于力偶矩的大小、力偶的转向及力偶作用面，即力偶的三要素。

2.3.3　平面力偶系的平衡条件

作用于同一个平面内的两个或两个以上的力偶构成平面力偶系，平面

力偶系合成的结果为一个合力偶，力偶系的平衡就要求合力偶矩等于零。因此，平面力偶系平衡的必要和充分条件是：力偶系中所有各力偶矩的代数和等于零。用公式表达为

$$\sum M = 0 \tag{2-13}$$

上式又称为平面力偶系的平衡方程。

【例 2-7】 求如图 2-17 所示简支梁的支座反力。

解： 以梁为研究对象，受力如图 2-17 所示。

$$\sum m = 0，\ R_A l - m_1 + m_2 + m_3 = 0$$

解之得

$$R_A = \frac{m_1 - m_2 - m_3}{l} = R_B$$

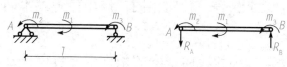

图 2-17 简支梁的支座反力

2.4 平面汇交力系的平衡

2.4.1 平面汇交力系的平衡条件

【观察与思考】

塔式起重机吊装构件时，如图 2-18 所示，吊钩上受到哪些拉力？

平面汇交力系

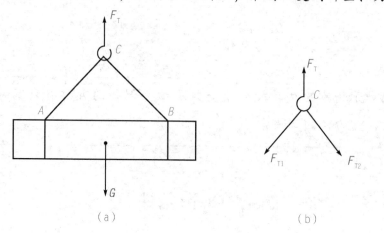

(a)   (b)

图 2-18 吊钩的受力分析

塔式起重机吊装构件时，吊钩上受到各绳索的拉力 F_T、F_{T1} 和 F_{T2} 都在同一平面内，且汇交于 C 点，这样就组成一平面汇交力系。

凡力的作用线均在同一平面内的力系，称为平面力系。在平面力系中，如果各力的作用线都汇交于一点，这样的力系称为平面汇交力系。

平面汇交力系可合成为一个合力 F_R，即合力与原力系等效。如果某平面汇交力系的力多边形自行闭合，即第一个力的始点和最后一个力的终点重合，表示该力系的合力等于零，则物体与不受力一样，物体处于平衡状态，该力系为平衡力系。反之，欲使平面汇交力系成为平衡力系，必须使它的合力为零，即力多边形必须自行闭合。

平面汇交力系平衡的必要和充分的几何条件是力多边形自行闭合：力系中各力画成一个首尾相接的封闭的力多边形，或者说力系的合力等于零。用式子表示为

$$F_R = 0 \text{ 或 } \sum F = 0 \tag{2-14}$$

如已知物体在主动力和约束反力作用下处于平衡状态，则可应用平衡的几何条件求约束反力，但未知力的个数不能超过两个。

平面汇交力系平衡的必要和充分条件是该力系的合力等于零。根据式 (2-14) 的第一式可知

$$F_R = \sqrt{F_{Rx}^2 + F_{Ry}^2} = \sqrt{\left(\sum F_x\right)^2 + \left(\sum F_y\right)^2} = 0 \tag{2-15}$$

上式中 $\left(\sum F_x\right)^2$ 与 $\left(\sum F_y\right)^2$ 恒为正数。

若使 $F_R = 0$，必须同时满足

$$\begin{cases} \sum F_x = 0 \\ \sum F_y = 0 \end{cases} \tag{2-16}$$

平面汇交力系平衡的必要和充分的解析条件是：力系中所有各力在两个坐标轴上投影的代数和分别等于零。

上式称为平面汇交力系的平衡方程。这是两个独立的方程，可以求解两个未知量。这一点与几何法相一致。

2.4.2 平面汇交力系平衡方程的应用

求解平面汇交力系平衡问题的步骤如下：

(1)先选取研究对象，再画出研究对象的受力图。要正确应用二力杆的性质，注意物体间的作用与反作用关系。当约束力指向不定时可预先假设。

(2)建立坐标系。为简化计算，可使坐标系中的某一轴与一未知力垂

⚠ 提示

　　凡力的作用线不在同一平面内的力系，称为空间力系。

直，最好是一个方程只有一个未知量。

（3）列平衡方程求解未知力。此时注意力的投影的正负号。如求出的未知力为负值，说明该力的实际方向与假设的方向相反。

【例2-8】 三角支架，如图2-19（a）所示。已知挂在 B 点的物体重力 G = 10 kN，试求 AB、BC 两杆所受的力。

解： 取铰 B 为研究对象，由于 AB、BC 两杆为二力杆件，因此 B 点受已知力 G 和未知约束反力 F_{NBA}、F_{NCB} 三个力作用而处于平衡，受力图如图 2-19（b）所示。由于三力作用于同一点 B，该力系为平面汇交力系，故求两个未知力只需列两个投影方程即可求解。

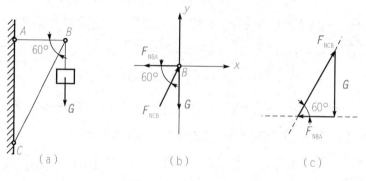

图 2-19　例 2-8 图

$$\sum F_x = 0, \quad -F_{NBA} + F_{NCB}\cos60° = 0$$

$$\sum F_y = 0, \quad F_{NCB}\sin60° - G = 0$$

$$F_{NCB} = \frac{G}{\sin60°} = \frac{10}{0.866} = 11.55(\text{kN})$$

$$F_{NBA} = F_{NCB}\cos60° = 11.55 \times \frac{1}{2} = 5.77 \text{ kN}$$

【例2-9】 图 2-20（a）所示三铰拱，在 D 点作用水平力 P，不计拱重，求支座 A、C 处的约束反力。

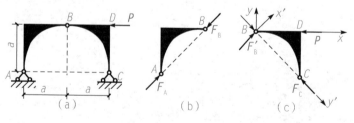

图 2-20　例 2-9 图

解： 分析已知 AB 是二力杆件，其受力图如图 2-20（b）所示。

以 BCD 为研究对象，受力分析如图 2-20(c) 所示。在 Bxy 坐标系中，列方程求解

$$\sum F_x = 0, \quad -P + F'_B \cos 45° - F_C \sin 45° = 0$$

$$\sum F_y = 0, \quad F_C \cos 45° + F'_B \sin 45° = 0$$

解得

$$F'_B = F_A = \frac{\sqrt{2}}{2}P, \quad F_C = -\frac{\sqrt{2}}{2}P$$

也可在 $Bx'y'$ 坐标系中，列方程求解：

$$\sum F_{y'} = 0, \quad -F_C - P\cos 45° = 0$$

$$\sum F_{x'} = 0, \quad F'_B - P\sin 45° = 0$$

解得

$$F'_B = F_A = \frac{\sqrt{2}}{2}P, \quad F_C = -\frac{\sqrt{2}}{2}P$$

【例 2-10】 起吊构件的情形，如图 2-21(a) 所示，构件重 $W = 10$ kN，钢丝绳与水平线的夹角 α 为 45°。求构件匀速上升时钢丝绳的拉力。

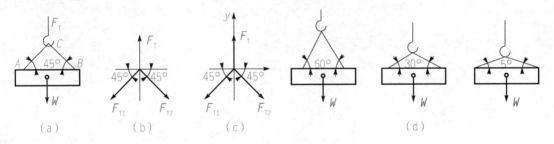

图 2-21 起吊构件受力分析

解：整个体系在重力 W 和绳的拉力 F_T 作用下平衡，是二力平衡问题，于是得到

$$F_T = W = 10 \text{ kN}$$

(1) 取吊钩 C 为研究对象。设绳 CA 的拉力为 F_{T1}，绳 CB 的拉力为 F_{T2}，画受力图如图 2-21(b) 所示。

(2) 选取坐标系如图 2-21(c) 所示。

(3) 列平衡方程，求解未知力 F_{T1} 和 F_{T2}：

$$\sum F_x = 0, \quad -F_{T1}\cos 45° + F_{T2}\cos 45° = 0 \quad\quad (a)$$

$$\sum F_y = 0, \quad F_T - F_{T1}\sin 45° - F_{T2}\sin 45° = 0 \quad\quad (b)$$

由式 (a) 得 $F_{T1} = F_{T2}$，代入式 (b) 得

$$F_{T1} = F_{T2} = \frac{W}{2\sin45°} = \frac{10}{2×0.707} = 7.07(kN)$$

试一试

甲同学提了 0.5 kN 的重物静止不动，但很吃力，同学乙上前帮忙，并且和同学甲用力的方向分别与水平面夹角为 30°，如图 2-22 所示，请计算出同学甲和同学乙分别用了多大的力？当力与水平面的夹角发生变化时，他们用力的大小是否也发生变化？动动手感受一下。

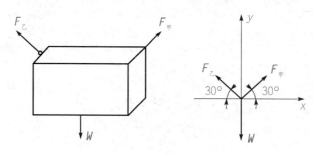

图 2-22 重物受力图

注意

选择合适的坐标系，可以简化计算。

2.5 平面一般力系的平衡

2.5.1 平面一般力系的平衡条件及计算

平面任意力系的
平衡基本原理

1. 平面一般力系的平衡条件

由于平面任意力系合成的结果是一个平面汇交力系和一个平面力偶系，故平面任意力系的平衡的必要和充分条件是，力系的主矢量及力系对任一点的主矩均为零。即

$$F'_R = 0, \quad M_O = 0 \tag{2-17}$$

又

$$F'_R = \sqrt{\left(\sum F_x\right)^2 + \left(\sum F_y\right)^2} \qquad (2-18)$$

$$M_O = \sum M_O(\boldsymbol{F}) \qquad (2-19)$$

故平面一般力系的平衡条件为

$$\sum F_x = 0$$

$$\sum F_y = 0$$

$$\sum M_O(\boldsymbol{F}) = 0 \qquad (2-20)$$

以上三个方程称为平面任意力系平衡方程的基本形式。因此，平面任意力系平衡的必要和充分条件是：力系中所有各力在两个坐标轴上投影的代数和都等于零；力系中所有各力对于任一点的力矩的代数和等于零。

平面任意力系的平衡方程还有其他两种形式，即：

二力矩式

$$\sum F_x = 0$$

$$\sum M_A(\boldsymbol{F}) = 0$$

$$\sum M_B(\boldsymbol{F}) = 0 \qquad (2-21)$$

其中 A、B 两点连线不能与 x 轴垂直。

平面一般力系的平衡方程虽有三种形式，但不论采用哪种形式，都只能写出三个独立的平衡方程，只能求解三个未知量。

知识链接

平面一般力系平衡问题的解题步骤

(1)选取研究对象。根据已知量和待求量，选择适当的研究对象。

(2)画研究对象的受力图。将作用于研究对象上的所有的力画出来。

(3)列平衡方程。注意选择适当的投影轴和矩心，列平衡方程。

(4)解方程，求解未知力。

2. 平面一般力系平衡的计算

【例2-11】 钢筋混凝土刚架，受荷载及支承情况如图2-23(a)所示。已知 $F_P = 60 \text{ kN}$，$q = 20 \text{ kN/m}$，刚架自重不计，求支座 A、B 的反力。

解：取刚架为研究对象，画其受力图如图2-23(b)所示。刚架上作用有

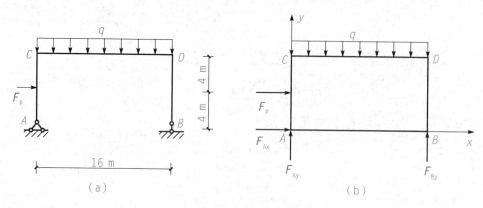

图 2-23 例 2-11 图

集中力 F_P 和均布荷载 q，以及支座反力 F_{Ax}、F_{Ay} 和 F_{By}，各反力的指向都是假定的，它们组成平面一般力系。列平衡方程时，先将均布荷载合成为合力，其大小为 ql，方向与均布荷载方向相同，作用在 CD 的中点，选取坐标系如图 2-23(b)所示。

由 $\sum F_x = 0$ 得 $\qquad F_{Ax} + F_P = 0$

$$F_{Ax} = -F_P = -60 \text{ kN} (\leftarrow)$$

由 $\sum M_A(F) = 0$ 得 $\qquad F_{By} \times 16 - q \times 16 \times 8 - F_P \times 4 = 0$

$$F_{By} = \frac{20 \times 16 \times 8 + 60 \times 4}{16} = 175 (\text{kN}) (\uparrow)$$

由 $\sum F_y = 0$ 得 $\qquad F_{Ay} + F_{By} - q \times 16 = 0$

$$F_{Ay} = -175 + 20 \times 16 = 145 (\text{kN}) (\uparrow)$$

计算结果为正号，说明支座反力的假设方向与实际指向一致；计算结果为负号，说明支座反力的假设方向与实际指向相反。在答案后面的括号内应标注出支座反力的实际指向。

【例 2-12】 外伸梁如图 2-24(a)所示，已知 $F_P = 30$ kN，试求 A、B 支座的约束反力。

解：以外伸梁为研究对象，画出其受力图，并选取坐标轴如图 2-24(b)所示。

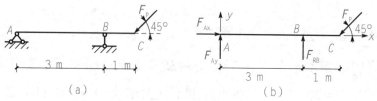

图 2-24 例 2-12 图

作用在外伸梁上的有已知力 F_P，未知力 F_{Ax}、F_{Ay} 和 F_{RB}，支座反力的指向是假定的。以上四力组成平面一般力系，可列出 3 个独立的平衡方程，求解 3 个未知力。

$$\sum M_A = 0, \quad F_{RB} \times 3 - F_P \sin 45° \times 4 = 0$$

$$F_{RB} = \frac{4}{3} \times F_P \sin 45° = \frac{4}{3} \times 30 \times 0.707 = 28.3 (kN)(\uparrow)$$

$$\sum F_x = 0, \quad F_{Ax} - F_P \cos 45° = 0$$

$$F_{Ax} = F_P \cos 45° = 30 \times 0.707 = 21.2 (kN)(\rightarrow)$$

$$\sum F_y = 0, \quad F_{Ay} - F_P \sin 45° + F_{RB} = 0$$

$$F_{Ay} = F_P \sin 45° - F_{RB} = 30 \times 0.707 - 28.3 = -7.1 (kN)(\downarrow)$$

【例 2-13】 如图 2-25(a)所示，求固定端 B 处的约束力。

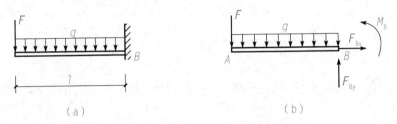

图 2-25 例 2-13 图

解： 取梁 AB 为研究对象，画其受力图，如图 2-25(b)所示。

$$\sum F_y = 0, \quad F_{By} - F - ql = 0$$

$$F_{By} = F + ql(\uparrow)$$

$$\sum F_x = 0$$

$$F_{Bx} = 0$$

$$\sum M_B(\boldsymbol{F}) = 0, \quad M_B + ql \times \frac{l}{2} + Fl = 0$$

$$M_B = -\left(\frac{ql^2}{2} + Fl\right)(\circlearrowleft)$$

【例 2-14】 悬臂梁(一端是固定端约束，另一端无约束的梁)AB 承受如图 2-26(a)所示的荷载作用。已知 $F_P = 2ql$，$\alpha = 60°$，不计梁的自重，求支座 A 的反力。

解： 取梁 AB 为研究对象，其受力图及坐标系如图 2-26(b)所示。

由 $\sum F_x = 0$ 得 $\qquad F_{Ax} - F_P \cos 60° = 0$

$$F_{Ax} = F_P \cos 60° = 2ql \times \frac{1}{2} = ql(\rightarrow)$$

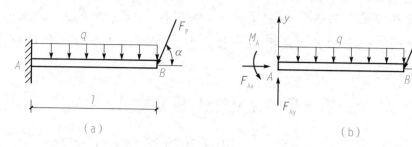

图 2-26 例 2-14 图

由 $\sum F_y = 0$ 得 $\qquad F_{Ay} - ql - F_P\sin 60° = 0$

$$F_{Ay} = ql + F_P\sin 60° = ql + 2ql \times \frac{\sqrt{3}}{2} = (1 + \sqrt{3})ql(\uparrow)$$

由 $\sum M_A(\boldsymbol{F}) = 0$ 得 $\qquad M_A - ql\frac{l}{2} - F_P\sin 60° \times l = 0$

$$M_A = \frac{1}{2}ql^2 + 2ql \times \frac{\sqrt{3}}{2}l = \left(\frac{1}{2} + \sqrt{3}\right)ql^2(\curvearrowleft)$$

注意

固定端的反力偶千万不能漏画。这是初学者常犯的错误。

校核: $\sum M_B(\boldsymbol{F}) = M_A + ql\frac{l}{2} - F_{Ay}l = \left(\frac{1}{2} + \sqrt{3}\right)ql^2 + \frac{1}{2}ql^2 - (1 + \sqrt{3})ql^2 = 0$

可见 F_{Ay} 和 M_A 计算无误。

【例 2-15】 悬臂梁受力如图 2-27 所示。已知 $F_P = 10$ kN, $l = 4$ m, 试求 A 端支座反力。

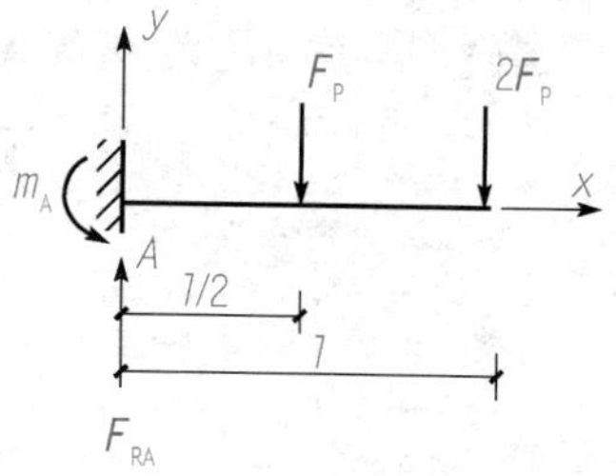

解: 因为悬臂梁所受外力都是竖向力, 可知 A 端的水平反力恒为零, 只需列出两个平衡方程即可求解。

$$\sum M_A = 0, \quad m_A - F_P\frac{l}{2} - 2F_P l = 0$$

图 2-27 例 2-15 图

$$m_A = F_P\frac{l}{2} + 2F_P l = \frac{5}{2}F_P l$$

$$= \frac{5}{2} \times 10 \times 4 = 100(\text{kN} \cdot \text{m})(\text{逆时针转向})$$

$$\sum F_y = 0, \quad F_{RA} - F_P - 2F_P = 0$$

$$F_{RA} = 3F_P = 3 \times 10 = 30(\text{kN})(\uparrow)$$

【例 2-16】 简支刚架受力如图 2-28 所示, 已知 $F_P = 25$ kN, 求 A 端和 C 端的支座反力。

解: A 端为固定端约束, 刚架受力如图 2-28 所示, 有三个未知的约束反力, 各反力的指向都是假定的。作用在刚架上的荷载是已知力 $\boldsymbol{F}_P$ 与约束

反力 $\boldsymbol{F}_{Ay}$ 和 $\boldsymbol{F}_{RC}$。

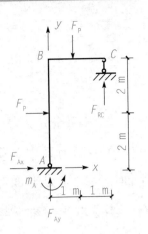

$$\sum F_x = 0, \quad F_{Ax} + F_P = 0$$

$$F_{Ax} = -F_P = -25(\mathrm{kN})(\leftarrow)$$

$$\sum F_y = 0, \quad F_{Ay} - F_P + F_{RC} = 0$$

$$\sum m_A = 0, \quad -F_P \times 2 - F_P \times 1 + F_{RC} \times 2 = 0$$

$$F_{RC} = \frac{1}{2}(2F_P + F_P) = \frac{1}{2} \times (2 \times 25 + 25) = 37.5(\mathrm{kN})(\uparrow)$$

$$F_{Aa} = F_P - F_{RC} = 25 - 37.5 = -12.5(\mathrm{kN})(\downarrow)$$

图 2-28　支座反力

【例 2-17】　如图 2-29(a)所示，管道搁置在三脚支架上，管道加在架上的荷载：大管 $F_{P1} = 12$ kN，小管 $F_{P2} = 7$ kN，架重不计，求支座 A 的约束力和杆 CD 所受的力。

解： 该支架在 A、C 两处都用混凝土浇筑埋入墙内，D 处是利用连接钢板将角钢 AB 和 CD 焊接牢。一般近似地可将 A、C、D 三处视为铰链连接，管道荷载视为集中力，于是画出支架的计算简图如图 2-29(b)所示。

取梁 AB 为研究对象，其受力图如图 2-29(c)所示。

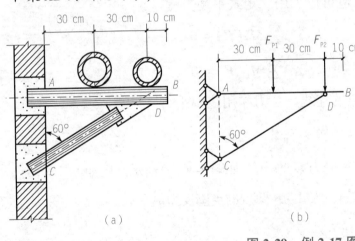

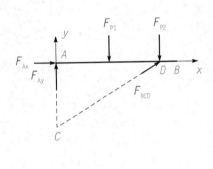

图 2-29　例 2-17 图

由 $\sum M_A(\boldsymbol{F}) = 0$ 得　　$F_{NCD}\sin 30° \times 60 - F_{P1} \times 30 - F_{P2} \times 60 = 0$

$$F_{NCD} = \frac{12 \times 30 + 7 \times 60}{0.5 \times 60} = 26(\mathrm{kN})$$

由 $\sum M_C(\boldsymbol{F}) = 0$ 得　　$-F_{Ax} \times 60 \times \tan 30° - F_{P1} \times 30 - F_{P2} \times 60 = 0$

$$F_{Ax} = -\frac{12 \times 30 + 7 \times 60}{0.577 \times 60} = -22.5(\mathrm{kN})(\leftarrow)$$

由 $\sum M_D(\boldsymbol{F}) = 0$ 得　　$-F_{Ay} \times 60 + F_{P1} \times 30 = 0$

$$F_{Ay} = \frac{12 \times 30}{60} = 6(\mathrm{kN})(\uparrow)$$

2.5.2 平面平行力系的平衡条件及计算

1. 平面平行力系的平衡条件

在平面力系中各力的作用线互相平行，这种力系称为平面平行力系。平面平行力系是平面一般力系的特殊情况，由于力系中各力作用线相互平行，当选取坐标轴 y 与各力作用线平行时，则 $\sum F_x = 0$ 成为恒等式将失去意义，故由平面一般力系平衡方程的基本形式可得平面平行力系的平衡方程为

$$\sum F_y = 0$$
$$\sum M_O(\boldsymbol{F}) = 0 \tag{2-23}$$

平面平行力系平衡的必要且充分条件是：力系中所有各力的代数和等于零，力系中各力对任一点的力矩的代数和等于零。

平面平行力系，也可以采用二矩式平衡方程

$$\sum M_A(\boldsymbol{F}) = 0$$
$$\sum M_B(\boldsymbol{F}) = 0 \tag{2-24}$$

其中，A、B 两点的连线与各力作用线不平行。

2. 平面平行力系的平衡计算

【例 2-18】 简支梁受力 $\boldsymbol{F}_P$ 作用，如图 2-30(a)所示。已知：$F_P = 100 \text{ kN}$，$l = 10 \text{ m}$，$a = 4 \text{ m}$，$b = 6 \text{ m}$，求 A、B 两点的支座反力。

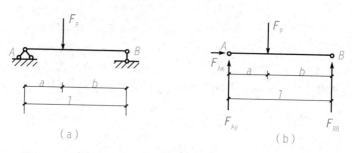

图 2-30 例 2-18 图

⚠ 提示

梁受到竖向荷载作用时，只有竖向反力，水平反力恒等于零。

解： 因为简支梁在竖向力 $\boldsymbol{F}_P$ 的作用下，A 点的水平反力 F_{Ax} 恒等于零。所以，AB 梁受在平行力系 $\boldsymbol{F}_P$、$\boldsymbol{F}_{Ay}$ 和 $\boldsymbol{F}_{RB}$ 三个力作用下处于平衡，如图 2-30(b)所示，对于两个未知力只需列出两个平衡方程就可以求解。

$$\sum m_A = 0, \quad F_{RB}l - F_P \cdot a = 0$$

$$\sum F_y = 0, \quad F_{Ay} + F_{RB} - F_P = 0$$

$$F_{RB} = \frac{a}{l}F_P = \frac{4}{10} \times 100 = 40(\text{kN})\ (\uparrow)$$

$$F_{Ay} = F_P - F_{RB} = \frac{b}{l}F_P = \frac{6}{10} \times 100 = 60(\text{kN})$$

【例 2-19】　某房屋的外伸梁构造及尺寸如图 2-31(a)所示。该梁的力学简图如图 2-31(b)所示。已知 $q_1 = 20\ \text{kN/m}$，$q_2 = 25\ \text{kN/m}$。求 A、B 支座的反力。

解：取外伸梁 AC 为研究对象。其上作用有均布线荷载 q_1、q_2 及支座的约束反力 F_{Ay} 和 F_{By}。由于 q_1、q_2、F_{By} 相互平行，故 F_{Ay} 必与各力平行，才能保持该力系为平衡力系。梁的受力图如图 2-31(c)所示，力 q_1、q_2、F_{Ay} 和 F_{By} 组成平面平行力系。应用二力矩式的平衡方程可求解两个未知力。取坐标系如图 2-31(c)所示。

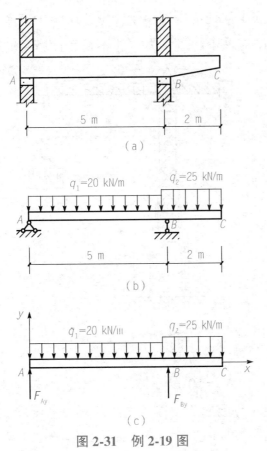

图 2-31　例 2-19 图

由 $\sum M_A(F) = 0$ 得

$$F_{By} \times 5 - q_1 \times 5 \times 2.5 - q_2 \times 2 \times 6 = 0$$

$$F_{By} = \frac{20 \times 5 \times 2.5 + 25 \times 2 \times 6}{5} = 110(\text{kN})(\uparrow)$$

由 $\sum M_B(\boldsymbol{F}) = 0$ 得

$$-F_{Ay} \times 5 + q_1 \times 5 \times 2.5 - q_2 \times 2 \times 1 = 0$$

$$F_{Ay} = \frac{20 \times 5 \times 2.5 - 25 \times 2 \times 1}{5} = 40(\text{kN})(\uparrow)$$

校核：

$$\sum F_y = F_{Ay} + F_{By} - q_1 \times 5 - q_2 \times 2$$
$$= 110 + 40 - 20 \times 5 - 25 \times 2 = 0$$

说明计算无误。

【**例 2-20**】 塔式起重机及所受荷载如图 2-32 所示，自重 $G = 200$ kN，作用线通过塔架中心，起重量 $F_P = 50$ kN，距右轨 B 为 12 m，平衡物重 G'，距左轨 A 为 6 m，在不考虑风荷载时，求：

（1）满载时，为了保证塔身不至于倾覆，G' 至少应多大？

（2）空载时，G' 应该不超过多大，才不至于使塔身向另一侧倾覆？

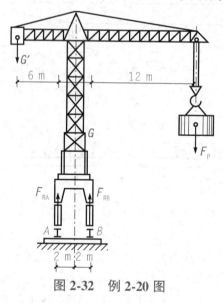

图 2-32　例 2-20 图

解：（1）满载时，$F_P = 50$ kN，塔身可能绕 B 点倾倒，在临界状态下。此时轨道 A 点所受的力和它给予塔的支座约束力都是零，即

$$F_{RA} = 0$$

由

$$\sum M_B(\boldsymbol{F}) = 0, \quad G'_{min} \times (6 + 4) - F_P \times 12 + G \times 2 = 0$$

得

$$G'_{min} = \frac{1}{10} \times (50 \times 12 - 200 \times 2) = 20 (kN)$$

（2）空载时，$P=0$，塔身绕 A 点倾倒，在临界状态下，轨道 B 点所受的力和它给予塔的支座约束力都是零，即

$$F_{RB} = 0$$

由

$$\sum M_A(F) = G'_{max} \times 6 - G \times 2 = 0$$

得

$$G'_{max} = \frac{1}{6} \times (200 \times 2) = 66.67 (kN)$$

所以，当平衡物重在 20 kN$<G'<$66.67 kN 范围时，塔式起重机可安全工作而不致倾覆，而且在起重量 $F_P<$50 kN 时，具有一定的安全储备。

【例 2-21】 外伸梁悬臂端受集中力 F_P 的作用如图 2-33（a）所示。已知 $F_P=20$ kN，$l=10$ m，$a=2$ m，求 A、B 两点的支座反力。

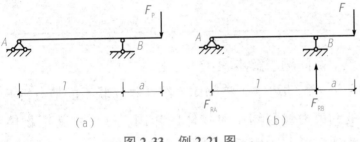

图 2-33 例 2-21 图

解：如图 2-33（b）所示，AB 梁在平面平行力系 F_P、F_{RA} 和 F_{RB} 的作用下处于平衡，只需列出两个平衡方程就可以求解。

$$\sum m_B = 0, \quad F_{RA}l - F_P \cdot a = 0$$

$$F_{RA} = \frac{a}{l} F_P = \frac{2}{10} \times 20 = 4 (kN) (\downarrow)$$

$$\sum F_y = 0, \quad -F_{RA} + F_{RB} - F_P - 0$$

$$F_{RB} = F_{RA} + F_P = 4 + 20 = 24 (kN) (\uparrow)$$

2.5.3 物体系统的平衡

在实际工程中，经常遇到由几个物体通过一定的约束联系在一起的物

体系统。例如，建筑、路桥工程中常用的三铰拱，
如图 2-34 所示，由左、右两半拱通过铰 C 连接，并
支承在 A、B 两固定铰支座上，三铰拱所受的荷载
与支座 A、B 的反力就是外力，而铰 C 处左、右两
半拱相互作用的力就是三铰拱的内力。要求解内力

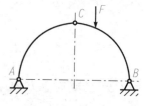

图 2-34　三铰拱

就必须将物体系统拆开，分别画出各个物体的受力图。如果所讨论的物体
系统是平衡的，则组成此系统的每一部分乃至每一个物体也是平衡的。

　　应当注意的是，外力和内力的概念是相对的，是对一定的研究对象而
言的。如果不是取整个三铰拱，而是分别取左半拱或右半拱为研究对象，
则铰 C 对左半拱或右半拱作用的力就成为外力了。

知识链接

解决物系平衡问题的途径

　　计算物体系统的平衡问题，除了要考虑整个系统的平衡外，还要考虑系统内某一部
分(一个物体或几个物体的组合)的平衡。只要适当地考虑整体平衡和局部平衡，就可以
解出全部未知力。

　　物体系统平衡问题求解步骤：

　　(1)要抓住一个"拆"字。将物体系统从相互联系的地方拆开，在拆开的
地方用相应的约束力代替约束对物体的作用。这样，就把物体系统分解为
若干个单个物体，单个物体受力简单，便于分析。

　　(2)比较系统的独立平衡方程个数和未知量个数，若彼此相等，则可根
据平衡方程求解出全部未知量。一般来说，由 n 个物体组成的系统，可以
建立 $3n$ 个独立的平衡方程。

　　(3)根据已知条件和所求的未知量，选取研究对象。通常可先由整体系
统的平衡，求出某些待求的未知量，然后再根据需要适当选取系统中的某
些部分为研究对象，求出其余的未知量。

　　(4)在各单个物体的受力图上，物体间相互作用的力一定要符合作用与
反作用关系。物体拆开处的作用与反作用关系，是顺次继续求解未知力的
"桥"。在一个物体上，可能某拆开处的相互作用力是未知的，但求解之后，
对与它在该处联系的另一物体就成为已知的了。可见，作用与反作用关系
在这里起"桥"的作用。

　　(5)注意选择平衡方程的适当形式和选取适当的坐标轴及矩心，尽可能
做到在一个平衡方程中只含有一个未知量，并尽可能使计算简化。

⚠️ **提示**

由于物体系统内各物体之间相互作用的内力总是成对出现的，它们大小相等、方向相反、作用线相同，所以，在研究该物体系统的整体平衡时，不必考虑内力。

下面举例说明怎样求解物体系统的平衡问题。

【例 2-22】 两跨梁的支承及荷载情况如图 2-35（a）所示。已知 $F_{P1}=$ 10 kN，$F_{P2}=20$ kN，试求支座 A、B、D 及铰 C 处的约束反力。

解： 两跨梁是由梁 AC 和 CD 组成，作用在每段梁上的力系都是平面一般力系，因此，可列出 6 个独立的平衡方程。而未知量也有 6 个：A、C 处各两个，B、D 处各一个。6 个独立的平衡方程能解出 6 个未知量。梁 CD、梁 AC 及整体梁的受力图如图 2-35（b）～图 2-35（c）所示。各约束反力的指向都是假定的。注意：约束反力 F'_{Cx}、F'_{Cy} 与 F_{Cx}、F_{Cy} 大小相等，方向相反，且作用在同一条直线上。

由 3 个受力图可以看出，在梁 CD 上只有 3 个未知力，而在梁 AC 及整体上都各有 4 个未知力。因此，应先取梁 CD 为研究对象，求出 F_{Cx}、F_{Cy}、F_{RD}，然后再考虑梁 AC 或整体梁平衡，就能解出其余未知力。

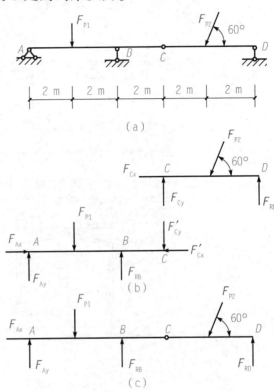

图 2-35 例 2-22 图

（1）取 CD 梁为研究对象。

$$\sum m_C = 0, \quad -F_{P2}\sin60° \times 2 + F_{RD} \times 4 = 0$$

$$F_{RD} = \frac{1}{2}F_{P2}\sin60° = \frac{1}{2} \times 20 \times 0.866 = 8.66(\text{kN})(\uparrow)$$

$$\sum F_x = 0, \quad F_{Cx} - F_{P2}\cos60° = 0$$

$$F_{Cx} = F_{P2}\cos60° = 20 \times 0.5 = 10(\text{kN})(\rightarrow)$$

$$\sum F_y = 0, \quad F_{Cy} + F_{RD} - F_{P2}\sin60° = 0$$

$$F_{Cy} = F_{P2}\sin60° - F_{RD} = 20 \times 0.866 - 8.66 = 8.66(\text{kN})(\uparrow)$$

（2）取 AC 梁为研究对象。

$$\sum m_A = 0, \quad -F_{P1} \times 2 - F'_{Cy} \times 6 + F_{RB} \times 4 = 0$$

$$F_{RB} = \frac{1}{4} \times (2F_{P1} + 6F'_{Cy}) = \frac{1}{4} \times (2 \times 10 + 6 \times 8.66) = 17.99(kN)(\uparrow)$$

$$\sum F_x = 0, \quad F_{Ax} - F'_{Cvx} = 0$$

$$F_{Ax} = F'_{Cx} = 10(kN)(\rightarrow)$$

$$\sum F_y = 0, \quad F_{Ay} - F_{P1} + F_{RB} - F'_{Cy} = 0$$

$$F_{Ay} = F_{P1} - F_{RB} + F'_{Cy} = 10 - 17.99 + 8.66 = 0.67(kN)(\uparrow)$$

校核：取整体梁为研究对象，列平衡方程。

$$\sum F_x = F_{Ax} - F_{P2}\cos 60° = 10 - 20 \times 0.5 = 0$$

$$\sum F_y = F_{Ay} + F_{RB} + F_{RD} - F_{P1} - F_{P2}\sin 60°$$

$$= 0.67 + 17.99 + 8.66 - 10 - 20 \times 0.866 = 0$$

校核结果说明计算正确。

【例 2-23】 图 2-36(a) 所示为三铰刚架的受力情况。已知 $q = 10$ kN/m，$l = 12$ m，$h = 6$ m，求固定铰支座 A、B 的约束力和铰 C 处的相互作用力。

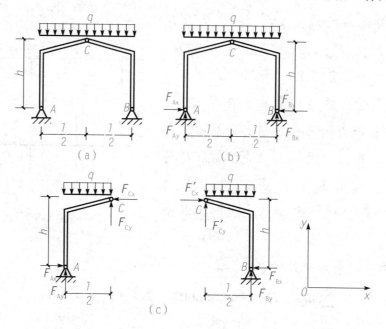

图 2-36 例 2-23 图

解：三铰刚架由左、右两个折杆组成，由于荷载对称、支承情况对称、尺寸对称，故具有对称性，则其 A、B 支座的约束力必然对称。

(1) 取整体为研究对象，受力如图 2-36(b) 所示。

$$\sum M_A(F) = 0, \quad F_{By}l - ql \times \frac{l}{2} = 0$$

$$F_{By} = \frac{ql}{2} = \frac{10 \times 12}{2} = 60(\text{kN})\ (\uparrow)$$

根据对称性可得

$$F_{Ay} = F_{By} = 60\ \text{kN}(\uparrow)$$

$$F_{Ax} = F_{Bx}$$

（2）取左边折杆为研究对象，受力如图 2-36（c）所示。

$$\sum M_c(F) = 0, \quad q \times \frac{l}{2} \times \frac{l}{4} + F_{Ax}h - F_{Ay}\frac{l}{2} = 0$$

$$F_{Ax} = \frac{F_{Ay}\dfrac{l}{2} - q \times \dfrac{l}{2} \times \dfrac{l}{4}}{h} = \frac{60 \times 6 - 10 \times 6 \times 3}{6}$$

$$= 30(\text{kN})\ (\rightarrow)$$

$$F_{Bx} = F_{Ax} = 30\ \text{kN}(\leftarrow)$$

$$\sum F_x = 0, \quad F_{Ax} - F_{Cx} = 0$$

$$F_{Cx} = F_{Ax} = 30\ \text{kN}$$

$$\sum F_y = 0, \quad F_{Ay} + F_{Cy} - \frac{ql}{2} = 0$$

$$F_{Cy} = \frac{ql}{2} - F_{Ay} = \frac{1}{2} \times 10 \times 12 - 60 = 0$$

 提示

利用对称性求解，既可以简化计算过程，又可以提高解题的正确率。

核验：可以再取右边折杆为研究对象，列出它的平衡方程，并将求出的数值代入，验算是否满足平衡条件。

 知识要点

一、力的投影

力在坐标轴上的投影是代数量。

二、力矩

将力 F 对某一点 O 的转动效应称为力 F 对 O 点的矩，简称力矩。

三、力偶

1. 力偶的概念

大小相等、方向相反、作用线不重合的两个平行力，称为力偶。

2. 力偶的性质

（1）力偶没有合力，不能用一个力来代替。

（2）力偶对其作用面内任一点的矩都等于力偶矩，与矩心位置无关。

（3）同一平面内的两个力偶，如果它们的力偶矩大小相等、转向相同，则这两个力偶等效，称为力偶的等效性。

四、平面汇交力系的平衡

凡力的作用线均在同一平面内的力系，称为平面力系。在平面力系中，如果各力的作用线都汇交于一点，这样的力系称为平面汇交力系。

平面汇交力系平衡的必要和充分条件是该力系的合力等于零。

若使 $F_R = 0$，必须同时满足

$$\begin{cases} \sum F_x = 0 \\ \sum F_y = 0 \end{cases}$$

平面汇交力系平衡的必要和充分的解析条件是：力系中所有各力在两个坐标轴上投影的代数和分别等于零。

上式称为平面汇交力系的平衡方程。这是两个独立的方程，可以求解两个未知量。

五、平面一般力系的平衡

1. 平面一般力系的平衡条件

由于平面任意力系合成的结果是一个平面汇交力系和一个平面力偶系，故平面任意力系的平衡的必要和充分条件是，力系的主矢量及力系对任一点的主矩均为零。

平面一般力系的平衡条件为

$$\sum F_x = 0$$
$$\sum F_y = 0$$

$$\sum M_O(\boldsymbol{F}) = 0$$

以上三个方程称为平面任意力系平衡方程的基本形式。

平面任意力系的平衡方程还有其他两种形式，即：

二力矩式
$$\sum F_x = 0$$

$$\sum M_A(\boldsymbol{F}) = 0$$

$$\sum M_B(\boldsymbol{F}) = 0$$

其中 A、B 两点连线不能与 x 轴垂直。

三力矩式
$$\sum M_A(\boldsymbol{F}) = 0$$

$$\sum M_B(\boldsymbol{F}) = 0$$

$$\sum M_C(\boldsymbol{F}) = 0 \tag{2-22}$$

其中，A、B、C 三点不在同一直线上。

2. 平面平行力系的平衡条件

在平面力系中各力的作用线互相平行，这种力系称为平面平行力系。平面平行力系的平衡方程为

$$\sum F_y = 0$$

$$\sum M_O(\boldsymbol{F}) = 0$$

平面平行力系平衡的必要且充分条件是：力系中所有各力的代数和等于零，力系中各力对任一点的力矩的代数和等于零。

平面平行力系，也可以采用二矩式平衡方程

$$\sum M_y(\boldsymbol{F}) = 0$$

$$\sum M_B(\boldsymbol{F}) = 0$$

其中，A、B 两点的连线与各力作用线不平行。

🗣 问题探讨

1. 当力与坐标轴垂直时，力在该轴上的投影为_____；当力与坐标轴平行时，其投影的与该力的大小相等。

2. 力对物体的作用，不仅能使物体产生_____，还能使物体产生转动。

3. 凡力的作用线均在同一平面内的力系，称为_____。

4. 平面汇交力系平衡的必要和充分的解析条件是：力系中所有各力在两个坐标轴上投影的代数和分别等于_____。

5. 什么是合力矩的定理?

6. 什么是力矩的转向? 力矩有哪些规定?

7. 什么是力偶? 什么是力偶臂? 什么是力偶作用面?

8. 力偶包括哪些性质?

9. 平面力偶系平衡的条件是什么?

10. 什么是平面汇交力系?

11. 求解平面汇交力系平衡问题有哪些步骤?

12. 什么是平面平行力系? 平面平行力系的平衡需要哪些条件?

技能训练

1. 已知 $F_1 = F_2 = F_3 = F_4 = F_5 = 100 \text{ N}$,各力的方向如图 2-37 所示,分别求出各力在 x 轴和 y 轴上的投影。

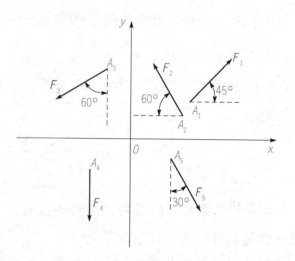

图 2-37 技能训练题 1 图

2. 已知 $F_{P1} = 2 \text{ kN}$,$F_{P2} = 3 \text{ kN}$,$F_{P3} = 4 \text{ kN}$,试求图 2-38 中三力对 O 点的力矩。

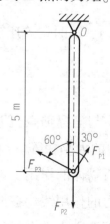

图 2-38 技能训练题 2 图

3. 已知简支梁如图 2-39 所示，求简支梁 A、B 处的支座约束力。

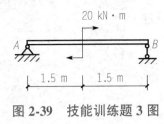

图 2-39　技能训练题 3 图

4. 如图 2-40 所示为一起重装置示意图。吊起重物 $G = 100$ kN，不计滑轮 A 的重量，试用解析法求杆 AB 和 AC 所受的力。

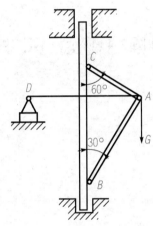

图 2-40　技能训练题 4 图

5. 悬臂梁 AB 的尺寸和荷载情况如图 2-41 所示，试求固定端 A 处的支座约束力。

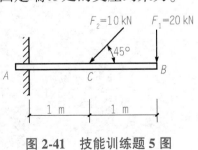

图 2-41　技能训练题 5 图

6. 外伸梁如图 2-42 所示。已知 $q=5$ kN/m，$F_P=10$ kN，$l=10$ m，$a=2$ m，求 A、B 两点的支座反力。

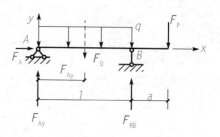

图 2-42　技能训练题 6 图

7. 如图 2-43 所示，不计梁自重，求墙壁对梁 A、B 端的约束力。

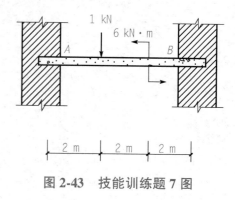

图 2-43　技能训练题 7 图

项目3 直杆轴向拉伸和压缩

变形固体的基本假设，杆件四种基本变形，直杆轴向拉、压横截面上的内力、轴力图的绘制、正应力及强度条件等。

能够判别杆件的四种基本变形和组合变形，会用截面法求指定截面的轴力，能够绘制直杆的受力图，能够对轴向拉(压)杆件的强度进行简单分析及计算。

3.1 直杆轴向拉伸和压缩的基本知识

3.1.1 变形固体的基本假设

在建筑与市政工程中结构构件都是用固体材料制成的，固体材料在外力作用下会产生一定的变形，称为固体变形。

固体变形是多种多样的，它们的性质各不相同，在研究杆件的强度、刚度和稳定性时，变形固体做如下基本假设。

1. 连续性假设

变形固体在整个体积内毫无间隙地充满着物质。

2. 均匀性假设

变形固体的体积内各处的力学性质完全相同。

3. 各向同性假设

变形固体在各个方向上具有相同的力学性能。

4. 小变形假设

变形固体几何形状的改变与其总尺寸相比是非常微小的。

3.1.2 杆件基本变形及组合变形

【观察与思考】

在实际工程中，吊车起吊空心板，如图 3-1 所示，吊车的钢筋和撑杆会产生什么变形？

图 3-1　起吊空心板

空心板起吊时起吊钢筋受轴向拉伸、吊车撑杆受轴向压缩变形。

1. 杆件四种基本变形

当外力以不同方式作用在杆件上时会产生不同的变形形式，变形的基本形式有如下四种。

（1）轴向拉伸与压缩变形。轴向拉伸与压缩变形是指在一对大小相等，方向相反，作用线与杆轴重合的拉力或压力作用下，杆件沿着轴线伸长或缩短的变形，如图 3-2 所示。

图 3-2 杆件轴向拉伸与压缩变形

（2）剪切变形。剪切变形是工程构件中常见的又一种变形形式，如图 3-3 所示，在工程实际中，连接件主要产生此类变形。剪切杆件的受力及变形特点是：在一对相距很近、方向相反的横向外力的作用下，杆件的横截面将沿外力的作用方向发生错动。

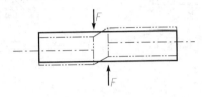

图 3-3 剪切变形

（3）扭转变形。扭转也是构件常见的一种变形形式，如图 3-4 所示，在工程实际中，主要是机械轴承发生此类变形，例如卷扬机卷筒轴、机械转向轴等。扭转杆件的受力及变形特点是：在一对大小相等、转向相反、位于垂直杆轴线的两平面内的力偶作用下，杆的任意横截面将发生绕轴线的相对转动。

（4）弯曲变形。弯曲，即在一对大小相等、转向相反、位于垂直杆的纵向平面内的力偶作用下，杆的任意两横截面将发生相对转动，此时杆件的轴线也将由直线变为曲线。这种变形形式称为弯曲。在工程实际中，许多构件都是发生弯曲变形的，如图 3-5 所示。

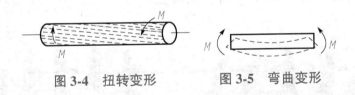

图 3-4 扭转变形　　　图 3-5 弯曲变形

2. 组合变形

在实际工程中，除基本变形的杆件外，很多杆件都是处在两种或两种以上基本变形的组合情况下工作的。例如烟囱（图 3-6）和水塔（图 3-7），除因自重引起的轴向压缩外，还受水平力作用而弯曲。房屋的立柱在偏心压力的作用下，除产生轴向压缩变形外，同时还会产生弯曲变形。这种由两种或两种以上的基本变形组合而成的变形，称为组合变形。

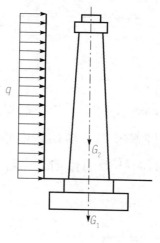

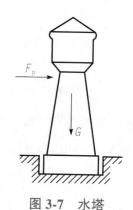

图 3-6 烟囱 　　　　　　　　图 3-7 水塔

3.2 直杆轴向拉、压横截面上的内力

3.2.1 内力的概念

【观察与思考】

拔河比赛时，如图 3-8 所示，人拉绳子的同时，感觉绳子也在拉人，绳子拉人的这个力是个什么力？有什么特点？

图 3-8 拔河比赛

⚠提示

　　讨论杆件强度、刚度和稳定性问题，必须先求出杆件的内力。

　　拔河的时候，麻绳被拉长了，同时也感到麻绳在拉手。麻绳拉手的力，是在反抗手把麻绳拉长，这个反抗拉长的力就是内力。土木工程中的受拉杆件与麻绳的情形相似。物体是由质点组成的，物体在没有受到外力作用时，各质点间本来就有相互作用力。物体在外力作用下，内部各质点的相对位置将发生改变，其质点的相互作用力也会发生变化。这种相互作用力由于物体受到外力作用而引起的改变量,称为"附加内力",简称为内力。

内力随外力的增大、变形的增大而增大,当内力达到某一限度时,就会引起构件的破坏。因此,要进行构件的强度计算就必须先分析构件的内力。内力与杆件的强度、刚度等有着密切的关系。

3.2.2 内力的计算方法

通过求解图 3-9(a) 的拉杆 $m-m$ 横截面上的内力来说明截面法。假想用一横截面将杆沿截面 $m-m$ 截开,取左段为研究对象,如图 3-9(b) 所示。由于整个杆件是处于平衡状态的,所以左段也保持平衡,由平衡条件 $\sum X = 0$ 可知,截面 $m-m$ 上的分布内力的合力必是与杆轴相重合的一个力,且 $N = P$,其指向背离截面。同样,若取右段为研究对象如图 3-9(c) 所示,可得出相同的结果。

对于压杆,也可通过上述方法求得其任一横截面 $m-m$ 上的轴力 N,其指向如图 3-10 所示。

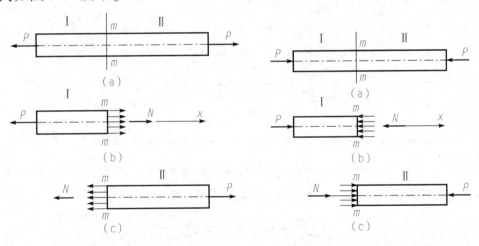

图 3-9 截面法求内力(拉杆)   图 3-10 截面法求内力(压杆)

把作用线与杆轴线相重合的内力称为轴力,用符号 N 表示。背离截面的轴力称为拉力,指向截面的轴力称为压力。通常规定:拉力为正,压力为负。

轴力的单位为牛顿(N)或千牛顿(kN)。

综上所述,截面法包括以下三个步骤:

(1)沿所求内力的截面假想将杆件截成两部分。

(2)取出任一部分作为研究对象,并在截断面上用内力代替弃去部分对该部分的作用。

（3）列出研究对象的平衡方程，并求解内力。

⚠️ 提示

截面法是计算内力的基本方法。

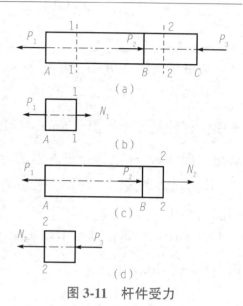

【例3-1】 杆件受力如图 3-11（a）所示，在力 P_1、P_2、P_3 作用下处于平衡。已知 $P_1 = 25$ kN，$P_2 = 35$ kN，$P_3 = 10$ kN，求杆件 AB 和 BC 段的轴力。

解： 杆件承受多个轴向力作用时，外力将杆分为几段，各段杆的内力将不相同，因此要分段求出杆的力。

（1）求 AB 段的轴力。用 1—1 截面在 AB 段内将杆截开，取左段为研究对象，如图 3-11（b）所示，截面上的轴力用 N_1 表示，并假设为拉力，由平衡方程

图 3-11 杆件受力

$$\sum X = 0, \quad N_1 - P_1 = 0$$

$$N_1 = P_1 = 25 \text{ kN}$$

得正号，说明假设方向与实际方向相同，AB 段的轴力为拉力。

（2）求 BC 段的轴力。用 2-2 截面在 BC 段内将杆截开，取左段为研究对象，如图 3-11（c）所示，截面上的轴力用 N_2 表示，由平衡方程

$$\sum X = 0, \quad N_2 + P_2 - P_1 = 0$$

$$N_2 = P_1 - P_2 = 25 - 35 = -10 \text{（kN）}$$

得负号，说明假设方向与实际方向相反，BC 杆的轴力为压力。

若取右段为研究对象，如图 3-11（d）所示，由平衡方程

$$\sum X = 0, \quad -N_2 - P_3 = 0$$

$$N_2 = -P_3 = -10 \text{ kN}$$

结果与取左段相同。

必须指出：在采用截面法之前，不能随意使用力的可传性和力偶的可移性原理。这是因为将外力移动后就改变了杆件的变形性质，并使内力也随之改变。如将上例中的 P_2 移到 A 点，则 AB 段将受压而缩短，其轴力也

变为压力。

⚠️ 提示

外力使物体产生内力和变形，不但与外力的大小有关，而且与外力的作用位置及作用方式有关。

3.2.3 轴力图的绘制

当杆件受到多于两个的轴向外力作用时，在杆件的不同截面上轴力将不相同，在这种情况下，对杆件进行强度计算时，必须知道杆的各个横截面上的轴力、最大轴力的数值及其所在截面的位置。为了直观地看出轴力沿横截面位置的变化情况，可按选定的比例尺，用平行于轴线的坐标表示横截面的位置，用垂直于杆轴线的坐标表示各横截面轴力的大小，绘出表示轴力与截面位置关系的图线，该图线就称为轴力图。画图时，习惯上将正值的轴力画在上侧，负值的轴力画在下侧。

【例3-2】 杆件受力如图 3-12(a)所示。试求杆内的轴力并作出轴力图。

解：(1)为了运算方便，首先求出支座反力。根据平衡条件可知，轴向拉压杆固定端的支座反力只有 R，如图 3-12(b)所示，取整根杆为研究对象，列平衡方程

$$\sum X = 0 , \quad -R-P_1+P_2-P_3+P_4=0$$

$$R=-P_1+P_2-P_3+P_4=-20+60-40+25=25(\text{kN})$$

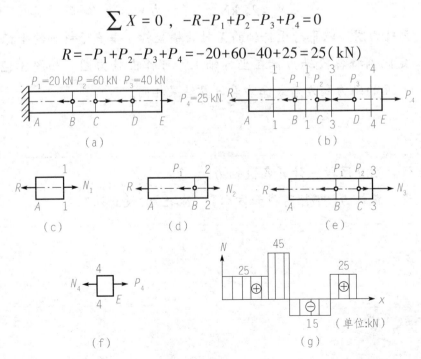

图 3-12 杆件受力

(2)求各段杆的轴力。在计算中,为了使计算结果的正负号与轴力规定的符号一致,在假设截面轴力指向时,一律假设为拉力。如果计算结果为正,表明内力的实际指向与假设指向相同,轴力为拉力;如果计算结果为负,表明内力的实际指向与假设指向相反,轴力为压力。

求 AB 段轴力:用 1—1 截面将杆件在 AB 段内截开,取左段为研究对象,如图 3-12(c)所示,以 N_1 表示截面上的轴力,由平衡方程

$$\sum X = 0 , \quad -R + N_1 = 0$$

$$N_1 = R = 25 \text{ kN} \quad (拉力)$$

求 BC 段的轴力:用 2—2 截面将杆件截断,取左段为研究对象,如图 3-12(d)所示,由平衡方程

$$\sum X = 0 , \quad -R + N_2 - P_1 = 0$$

$$N_2 = P_1 + R = 20 + 25 = 45(\text{kN}) \quad (拉力)$$

求 CD 段轴力:用 3—3 截面将杆件截断,取左段为研究对象,如图 3-12(e)所示,由平衡方程

$$\sum X = 0 , \quad N_3 + P_2 - P_1 - R = 0$$

$$N_3 = P_1 + R - P_2 = 20 + 25 - 60 = -15(\text{kN}) \quad (压力)$$

求 DE 段轴力:用 4—4 截面将杆件截断,取右段为研究对象,如图 3-12(f)所示,由平衡方程

$$\sum X = 0 , \quad P_4 - N_4 = 0$$

$$N_4 = 25 \text{ kN} \quad (拉力)$$

(3)画轴力图。以平行于杆轴的 X 轴为横坐标,垂直于杆轴的坐标轴为 N 轴,按一定比例将各段轴力标在坐标轴上,可作出轴力图,如图 3-12(g)所示。同一截面的轴力向左看或向右看计算结果相同。

☑记住

(1)根据外力的作用点位置划分区段,计算各段轴力。

(2)计算轴力时,均假设为正轴力(即背离截面方向),称之为"设正法"。

3.3 直杆轴向拉、压横截面上的应力

3.3.1 应力的概念

【观察与思考】

取一根等直杆，如图 3-13(a)所示，当受到两个大小相等，方面相反的拉力 P 作用时，如图 3-13(b)所示，观察轴向受拉杆会产生什么样的变形？

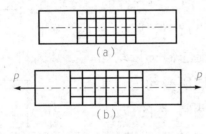

图 3-13 横截面应力

可以观察直杆，所有的纵线仍保持为直线，各纵线都伸长了，但仍互相平行，小方格变成长方格。所有的横线仍保持为直线，且仍垂直于杆轴，只是相对距离增大了。

为了解决杆件的强度问题，只知道杆件的内力是不够的。例如，用同种材料制作两根粗细不同的杆件，并使这两根杆件承受相同的轴向拉力，当拉力达到某一值时，细杆将首先被拉断。这一事实说明：杆件的强度不仅和杆件横截面上的内力有关，而且还与横截面的面积有关。细杆将先被拉断，是因为内力在小截面上分布的密集程度(简称集度)大而造成的。因此，为了解决强度问题，应进一步研究内力在横截面上的分布集度。

我们把单位面积上的内力叫应力。

工程中应力的常用单位为 Pa(帕)或 MPa(兆帕)。

$$1 \text{ Pa} = 1 \text{ N/m}^2$$

$$1 \text{ MPa} = 1 \text{ N/mm}^2$$

另外，应力的单位有时也用 kPa(千帕)和 GPa(吉帕)，各单位的换算情况如下：

$$1 \text{ kPa} = 10^3 \text{ Pa}, \quad 1 \text{ GPa} = 10^9 \text{ Pa} = 10^3 \text{ MPa}, \quad 1 \text{ MPa} = 10^6 \text{ Pa}$$

3.3.2 轴向拉、压杆横截面上的正应力分布规律

由于轴向拉(压)杆横截面上的内力只有轴力,其方向与横截面垂直。因此,由内力与应力的关系很容易推断出:在轴向拉(压)杆横截面上与轴力相应的应力只能是垂直于截面的正应力。

但正应力在横截面上的变化规律不能由主观推断,通常采用的方法是先做试验,根据试验观察到的杆在外力作用下的变形现象,做出一些假设,然后才能推导出应力的计算公式。

根据拉、压杆变形情况,可以做出如下假设:杆件的横截面变形前是平面,变形后仍保持为平面且与杆件的轴线垂直,这一假设称为平面假设。如果将杆设想成由无数纵向"纤维"所组成,则由平面假设可知,任意两个横截面之间所有纵向纤维的伸长量均相等,又因材料是均匀的,各纵向纤维的变形相同,因而它们所受的力也相等。与轴向拉、压杆横截面相垂直的应力,称为正应力,用 σ 表示。这表明横截面上的内力是均匀分布的,即横截面上各点处的正应力 σ 都相等,如图 3-14 所示。其计算公式为

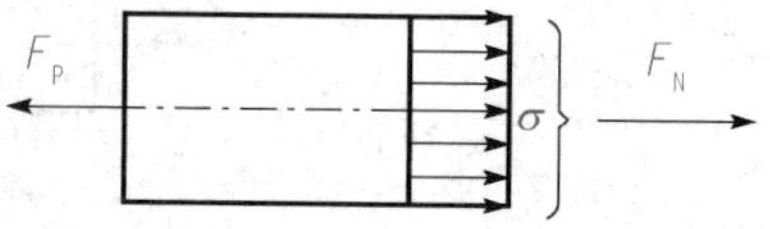

图 3-14 正应力分布

$$\sigma = \frac{F_\mathrm{N}}{A} \tag{3-1}$$

式中,A 为拉(压)杆横截面的面积;F_N 为轴力。

当杆受轴向压缩时,情况完全类似,上式同样适用。由于前面规定了轴力的正负号,由式(5-4)可知,正应力也随轴力有正负之分,若 F_N 为拉力,则 σ 为拉应力;若 F_N 为压力,则 σ 为压应力,拉应力为正,压应力为负。

【例 3-3】 如图 3-15(a)所示为正方形截面阶梯形砖柱。已知:荷载 F_P = 60 kN,试求该柱各段横截面上的应力。

解: 首先画出砖柱的轴力图,如图 3-15(b)所示。

由于该柱为阶梯形变截面柱,所以需分段计算应力。

AB 段柱横截面上的正应力为

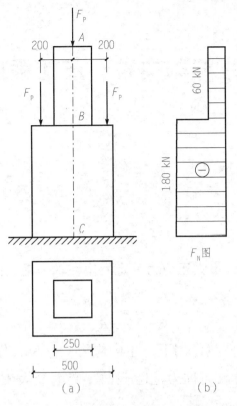

图 3-15 正方形截面阶梯形砖柱

$$\sigma_{AB} = \frac{F_{NAB}}{A_{AB}} = -\frac{60 \times 10^3}{250 \times 250} = -0.96(\mathrm{MPa})$$

BC 段柱横截面上的正应力为

$$\sigma_{BC} = \frac{F_{NBC}}{A_{BC}} = -\frac{180 \times 10^3}{500 \times 500} = -0.72(\mathrm{MPa})$$

⚠ 提示

这种通过变形观察来分析内力的方法，是工程中常用和有效的一种方法。

【交流与讨论】

日常生活中取根圆柱形橡胶棒，在两端施加两个大小相等、方向相反的轴向拉力，观察发生什么现象，分析正应力与轴力、截面面积的关系。

3.4 直杆轴向拉、压的强度计算

3.4.1 许用应力

1. 工作应力

对于等截面直杆，最大正应力一定发生在轴力最大的截面上。

$$\sigma_{max} = \frac{F_{Nmax}}{A} \tag{3-2}$$

习惯上把杆件在荷载作用下产生的应力，称为工作应力。并且通常把产生最大工作应力的截面称为危险截面，产生最大工作应力的点称为危险点。

2. 极限应力

任何一种材料制成的构件都存在一个能承受荷载的固有极限，这个固有极限称为极限应力，用 σ^0 表示。当构件内的工作应力到达此值时，就会破坏。

通过材料的拉伸(或压缩)试验，可以找出材料在拉伸和压缩时的极限应力。对塑性材料，当应力达到屈服极限时，将出现显著的塑性变形，会影响构件的使用。对于脆性材料，破坏前变形很小，当构件达到强度极限时，会引起断裂，因此

对塑性材料 $\qquad\qquad \sigma^0 = \sigma_s$

对脆性材料 $\qquad\qquad \sigma^0 = \sigma_b$

3. 许用应力

在理想情况下，为了保证构件能正常工作，必须使构件在工作时产生的工作应力不超过材料的极限应力。由于在实际设计时有许多因素无法预计，例如实际荷载有可能超出在计算中所采用的标准荷载，实际结构取用的计算简图往往会忽略一些次要因素，个别构件在经过加工后有可能比规格上的尺寸小，材料并不是绝对均匀等。这些因素都会造成构件偏于不安全的后果。此外，考虑到构件在使用过程中可能遇到的意外事故或其他不

利的工作条件、构件的重要性等的影响，因此，在设计时，必须使构件有必要的安全储备。即构件中的最大工作应力不超过某一限值，将极限应力 σ^0 缩小 K 倍，作为衡量材料承载能力的依据，称为许用应力，用 $[\sigma]$ 表示，即

$$[\sigma] = \frac{\sigma^0}{K} \tag{3-3}$$

式中，K 为一个大于 1 的系数，称为安全系数。

⚠ 提示

安全系数 K 的确定相当重要又比较复杂。选用过大，设计的构件过于安全，用料增多；选用过小，安全储备减少，构件偏于危险。

常用材料的许用应力可见表 3-1。

表 3-1　常用材料的许用应力

材料名称	牌　号	许用应力/MPa	
		轴向拉伸	轴向压缩
低碳钢	Q235	140~170	140~170
低合金钢	16Mn	230	230
灰口铸铁		33~55	160~200
木材(顺纹)		5.5~10.0	8~16
混凝土	C20	0.44	7
混凝土	C30	0.6	10.3

3.4.2　轴向拉、压杆的强度条件

拉(压)杆的工作应力 $\sigma = \dfrac{N}{A}$，为了保证构件能安全、正常地工作，则杆内最大的工作应力不得超过材料的许用应力。即

$$\sigma_{max} = \frac{N}{A} \leqslant [\sigma] \tag{3-4}$$

式(3-4)称为拉(压)杆的强度条件。

在轴向拉(压)杆中，产生最大正应力的截面称为危险截面。对于轴向拉压的等直杆，其轴力最大的截面就是危险截面。应用强度条件式(3-4)可以解决轴向拉(压)杆强度计算的三类问题。

1. 强度校核

已知杆的材料、尺寸(已知$[\sigma]$和A)和所受的荷载(已知N)的情况下,可用式(3-4)检查和校核杆的强度。如$\sigma_{max} = \dfrac{N}{A} \leq [\sigma]$,表示杆件的强度是满足要求的,否则不满足强度条件。

根据既要保证安全又要节约材料的原则,构件的工作应力不应该小于材料的许用应力$[\sigma]$太多,有时工作应力也允许稍微大于$[\sigma]$,但是规定以不超过容许应力的5%为限。

2. 截面设计

已知构件所受的荷载和材料,则构件所需的横截面面积A可用下式计算:

$$A \geq \frac{N}{[\sigma]} \tag{3-5}$$

3. 确定许用荷载

已知杆件的尺寸、材料,确定杆件能承受的最大轴力,并由此计算杆件能承受的许用荷载。即

$$[N] \leq A[\sigma] \tag{3-6}$$

【例3-4】 一直杆受力情况如图3-16(a)所示。直杆的横截面面积$A = 10 \text{ cm}^2$,材料的许用应力$[\sigma] = 160 \text{ MPa}$,试校核杆的强度。

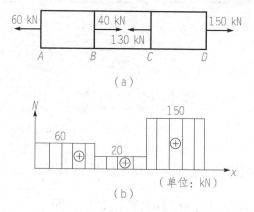

(a)

(b)

图3-16 直杆受力

解: 首先绘出直杆的轴力图,如图3-16(b)所示,由于是等直杆,产生最大内力的CD段的截面是危险截面,由强度条件得

$$\sigma_{max} = \frac{N_{max}}{A} = \frac{150 \times 10^3}{10 \times 10^2} = 150 (\text{MPa}) < [\sigma] = 160 \text{ MPa}$$

所以，满足强度条件。

【例3-5】 图3-17所示简易支架的 AB 杆为木杆，已知 $F_p = 100$ kN，BC 杆为钢杆。木杆 AB 的横截面面积 $A_1 = 10\ 000$ mm^2，许用应力 $[\sigma_1] = 7$ MPa；钢杆 BC 的相应数据是：$A_2 = 1\ 250$ mm^2，$[\sigma_2] = 160$ MPa。试校核支架的强度。

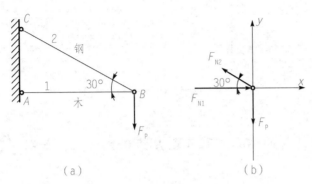

图3-17 简易支架受力图

解： (1)根据平衡条件求两杆所受的力。

以铰 B 为研究对象

$$\sum F_x = 0, \quad F_{N1} - F_{N2}\cos30° = 0$$

$$\sum F_y = 0, \quad F_{N2}\sin30° - F_p = 0$$

$$F_{N2} = 2F_p(拉力), \quad F_{N1} = 1.732F_p(压力)$$

(2)根据应力公式计算两杆的正应力。

$$\sigma_1 = \frac{F_{N1}}{A_1} = \frac{1.732 \times 100 \times 10^3}{10\ 000} = 17.32(\text{MPa})$$

$$\sigma_2 = \frac{F_{N2}}{A_2} = \frac{2 \times 100 \times 10^3}{1\ 250} = 160(\text{MPa})$$

(3)根据强度条件校核支架强度。

$\sigma_1 = 17.32$ MPa$>[\sigma_1]$，因此 AB 杆强度不足。

$\sigma_2 = 160$ MPa$=[\sigma_2]$，因此 BC 杆强度满足要求。

由此可知，因 AB 杆强度不满足强度条件要求，所以支架强度不够，不安全。

【例3-6】 图3-18(a)所示的支架，①杆为直径 $d = 16$ mm 的钢圆截面杆，许用应力 $[\sigma]_1 = 160$ MPa，②杆为边长 $a = 12$ cm 的正方形截面杆，$[\sigma]_2 = 10$ MPa，在节点 B 处挂一重物 P，求许用荷载 $[P]$。

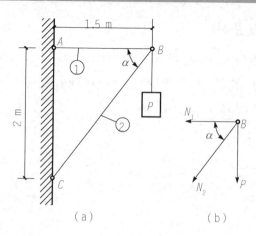

图 3-18 支架

解：(1)计算杆的轴力。取节点 B 为研究对象，如图 3-18(b)所示，列平衡方程：

$$\sum X = 0, \quad -N_1 - N_2\cos\alpha = 0$$

$$\sum Y = 0, \quad -P - N_2\sin\alpha = 0$$

由几何关系得

$$\tan\alpha = \frac{2}{1.5} = \frac{4}{3}, \quad 则 \sin\alpha = \frac{4}{5}, \quad \cos\alpha = \frac{3}{5}$$

解方程得

$$N_1 = 0.75P \quad (拉力)$$

$$N_2 = -1.25P \quad (压力)$$

(2)计算许用荷载。先根据①杆的强度条件计算①杆能承受的许用荷载 $[P]$

$$\sigma_1 = \frac{N_1}{A_1} = \frac{0.75P}{A_1} \leqslant [\sigma]_1$$

所以

$$[P] \leqslant \frac{A_1[\sigma]_1}{0.75} = \frac{\frac{1}{4} \times 3.14 \times 16^2 \times 160}{0.75} = 4.29 \times 10^4(\text{N}) = 42.9(\text{kN})$$

再根据②杆的强度条件计算②杆能承受的许可荷载 $[P]$

$$\sigma_2 = \frac{|N_2|}{A_2} = \frac{1.25P}{A_2} \leqslant [\sigma]_2$$

所以

$$[P] \leqslant \frac{A_2[\sigma]_2}{1.25} = \frac{120^2 \times 10}{1.25} = 11.52 \times 10^4(\text{N}) = 115.2(\text{kN})$$

比较两杆所得的许用荷载，取其中较小者，则支架的许用荷载为$[P] \leqslant$ 42.9 kN。

分析与讨论

日常生活中，某桥梁桥面坍塌，分析是什么原因造成的？

3.5 直杆轴向拉、压变形

3.5.1 弹性变形与塑性变形

【观察与思考】

如图 3-19 所示，取一个弹簧，使力压缩，然后放开，会产生什么现象？打铁时，使劲打击，最后会产生什么现象？

(a)

(b)

图 3-19 弹性变形与塑性变形

(a)弹性变形；(b)塑性变形

弹簧受力后产生变形，力放松后，弹簧恢复原状，这是弹性变形。打铁时，铁件受力后发生变形，力松开后，变形不完全消失，这是塑性变形。

材料在受到外力作用时产生变形或者尺寸的变化，卸载后能够恢复的那部分变形，称为弹性变形。弹性变形的重要特征是其可逆性，即受力作用后产生变形，卸除荷载后，变形消失，如橡皮筋、弹簧等。当外荷载超过某极限值时，卸载后消除一部分弹性变形外，还将存在一部分未消失的变形，称为塑性变形，如打铁。

3.5.2 胡克定律

如图 3-20 所示，设杆件原长为 l，受轴向拉力 F_P 作用，变形后的长度为 l_1，则杆件长度的改变量为

$$\Delta l = l_1 - l \tag{3-7}$$

Δl 称为线变形(或绝对变形)，伸长时 Δl 为正号，缩短时 Δl 为负号。

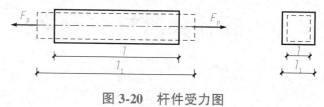

图 3-20　杆件受力图

试验表明，在材料的弹性范围内，Δl 与外力 F_P 和杆长 l 成正比，与横截面面积 A 成反比，即

$$\Delta l \propto \frac{F_P l}{A} \tag{3-8}$$

引入比例系数 E，由于 $F_P = F_N$，上式可写为

$$\Delta l = \frac{F_N l}{EA} \tag{3-9}$$

此关系称为胡克定律，在弹性受力范围内(应力不超过比例极限)，杆件纵向变形与轴力及杆长成正比，与横截面面积成反比。乘积 EA 为杆件的抗拉刚度。

胡克定律的另一种表达形式为

$$\sigma = E\varepsilon \tag{3-10}$$

它表明当应力不超过比例极限时，应力与应变成正比。比例系数 E 称为材料的弹性模量，当其他条件不变时，弹性模量 E 越大，则纵向变形 Δl 越小，这说明弹性模量表征了材料抵抗弹性变形的能力。弹性模量单位与应力单位相同，各种材料的 E 值由试验测定。

【例3-7】　为了测定钢材的弹性模量 E 值，将钢材加工成直径 $d = 10\ \text{mm}$ 的试件，放在试验机上拉伸，当拉力 P 达到 $15\ \text{kN}$ 时，测得纵向线应变 $\varepsilon = 0.000\ 96$，求钢材的弹性模量。

解：当 P 达到 $15\ \text{kN}$ 时，正应力为

$$\sigma = \frac{P}{A} = \frac{15 \times 10^3}{\pi \times \left(\frac{10}{2}\right)^2} = 191.08 (\text{MPa})$$

由胡克定律得

$$E = \frac{\sigma}{\varepsilon} = \frac{191.08}{0.000\ 96} = 1.99 \times 10^5 (\text{MPa})$$

$$= 199 (\text{GPa})$$

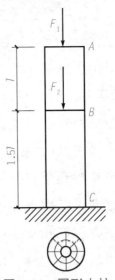

图 3-21　圆形木柱

【例 3-8】　如图 3-21 所示，直径为 $d = 10$ cm 的圆形木柱，承受轴向压力，已知 $F_1 = 20$ kN，$F_2 = 30$ kN，$l = 2$ m。木材的弹性模量 $E = 10$ GPa，试计算木柱的总变形。

解：木柱的受力情况决定了各段的轴力不同，因此应分别计算 AB 段和 BC 段的变形，再叠加。

(1)求轴力。

$$F_{NBA} = -F_1 = -20 \text{ kN}(压)$$

$$F_{NBC} = -F_1 - F_2 = -50 \text{ kN}(压)$$

(2)计算变形。

$$A = \frac{\pi}{4}d^2 = \frac{\pi \times 10^2}{4} = 78.5 (\text{cm}^2)$$

$$\Delta l_{AB} = \frac{F_{NBA} l_{AB}}{EA} = \frac{-20 \times 10^3 \times 2 \times 10^3}{10 \times 10^3 \times 78.5 \times 10^2} = -0.51 (\text{mm})$$

$$\Delta l_{BC} = \frac{F_{NBC} l_{BC}}{EA} = \frac{-50 \times 10^3 \times 3 \times 10^3}{10 \times 10^3 \times 78.5 \times 10^2} = -1.91 (\text{mm})$$

$$\Delta l = \Delta l_{AB} + \Delta l_{BC} = -0.51 - 1.91 = -2.42 (\text{mm})(压缩)$$

知识链接

材料的分类

土木工程中，通常按应变的大小把材料分为两类：$\varepsilon \geqslant 5\%$ 的材料称为塑性材料，如低碳钢、铝、铜等；$\varepsilon < 5\%$ 的材料称为脆性材料，如铸铁、石料、混凝土及普通玻璃等。

工 程 实 例

钢结构屋架中，常见的轴向受拉或受压构件分析。

分析：由于大跨度钢屋架结构具有质轻、强度高、材料可循环利用等优点，又称"绿色建筑",在土木工程中得到了广泛应用。大跨度双向钢桁架空间结构——某大型体育馆,如图 3-22(a)所示,跨度达到 114 m。目前,钢屋架中,主要有网架结构、球形结点[图 3-22(a)]和三角形屋架、桁架结构[图 3-22(b)]。钢网架结构由一些钢结构杆件(钢管)通过球形结点连接,杆件可以绕球形结点做微小的转动,结构的稳定性较好。在计算杆件内力时,球形结点可以简化为圆柱铰链连接,因此,每根连接的杆件都可以看成二力杆,通常处于上面的杆(上弦杆)受压,下边的杆(下弦杆)受拉。三角形屋架一般由一些型钢通过焊接或螺栓连接,杆件也可绕结点做微小的转动,计算时,结点也可以简化为铰链连接,各根通过结点连接的杆件,也可看成二力杆,通常上弦杆受压,下弦杆受拉。为保证屋盖的稳定性和安全性,在施工过程中,必须保证结点的施工质量和屋架的垂直度、水平度等。

(a)　　　　　　　　　　　　　　　(b)

图 3-22　大跨度钢屋架结构

知识要点

一、杆件基本变形

1. 变形固体

在建筑与市政工程中,结构构件都是用固体材料制成的,固体材料在外力作用下会产生一定的变形,称为固体变形。

2. 杆件的基本变形

(1)轴向拉伸与压缩变形。轴向拉伸与压缩变形是指在一对大小相等,方向相反,作用线与杆轴重合的拉力或压力作用下，杆件沿着轴线伸长或缩短的变形。

（2）剪切变形。剪切变形是工程构件中常见的又一种变形形式，在工程实际中，连接件主要产生此类变形。

（3）扭转变形。扭转也是构件常见的一种变形形式，在工程实际中，主要是机械轴承发生此类变形。

（4）弯曲变形。弯曲，即在一对大小相等、转向相反、位于垂直杆的纵向平面内的力偶作用下，杆的任意两横截面将发生相对转动，此时杆件的轴线也将由直线变为曲线。这种变形形式称为弯曲。

3. 组合变形

由两种或两种以上的基本变形组合而成的变形称为组合变形。

二、直杆轴向拉、压横截面上的内力

相互作用力由于物体受到外力作用而引起的改变量，称为"附加内力"，简称为内力。

为了直观地看出轴力沿横截面位置的变化情况，可按选定的比例尺，用平行于轴线的坐标表示横截面的位置，用垂直于杆轴线的坐标表示各横截面轴力的大小，绘出表示轴力与截面位置关系的图线，该图线就称为轴力图。画图时，习惯上将正值的轴力画在上侧，负值的轴力画在下侧。

三、直杆轴向拉、压横截面上的应力

我们把单位面积上的内力称为应力。

与轴向拉、压杆横截面相垂直的应力，称为正应力，用 σ 表示。这表明横截面上的内力是均匀分布的，即横截面上各点处的正应力 σ 都相等。其计算公式为

$$\sigma = \frac{F_N}{A}$$

四、直杆轴向拉、压的强度计算

拉（压）杆的工作应力 $\sigma = \dfrac{N}{A}$，为了保证构件能安全正常地工作，则杆内最大的工作应力不得超过材料的许用应力。即

$$\sigma_{\max} = \frac{N}{A} \leqslant [\sigma]$$

上式称为拉(压)杆的强度条件。

应用强度条件可以解决三类问题的计算：强度校核、截面设计、确定许用荷载。

五、直杆轴向拉、压的变形

1. 弹性变形与塑性变形

材料在受到外力作用时产生变形或者尺寸的变化，卸载后能够恢复的那部分变形，称为弹性变形。弹性变形的重要特征是其可逆性，即受力作用后产生变形，卸除荷载后，变形消失。当外荷载超过某极限值时，卸载后消除一部分弹性变形外，还将存在一部分未消失的变形，称为塑性变形。

2. 胡克定律

材料的弹性范围内，Δl 与外力 F_P 和杆长 l 成正比，与横截面面积 A 成反比，即

$$\Delta l \propto \frac{F_P l}{A}$$

引入比例系数 E，由于 $F_P = F_N$，上式可写为

$$\Delta l = \frac{F_N l}{EA}$$

此关系称为胡克定律，在弹性受力范围内(应力不超过比例极限)，杆件纵向变形与轴力及杆长成正比，与横截面积成反比。乘积 EA 为杆件的抗拉刚度。

胡克定律的另一种表达形式为

$$\sigma = E\varepsilon$$

它表明当应力不超过比例极限时，应力与应变成正比。

问题探讨

1. 扭转杆件的受力及变形特点是：在一对_____、_____、位于垂直杆轴线的两平面内的力偶作用下，杆的任意横截面将发生绕轴线的相对转动。

2. 由两种或两种以上的基本变形组合而成的变形称为_____。

3. 内力与杆件的_____、_____等有着密切的关系。

4. 把作用线与杆轴线相重合的内力称为_____，用符号_____表示。

5. 背离截面的轴力称为_____，指向截面的轴力称为_____。

6. 任何一种材料制成的构件都存在一个能承受荷载的固有极限，这个固有极限称为_____。

7. 什么是固体变形？变形固体有哪些基本假设？

8. 什么是轴向拉伸与压缩变形？举例说明。

9. 什么是剪切变形？有什么特点？

10. 截面法求杆件内力包括哪些步骤？

11. 什么是轴力图？

12. 叙述轴向拉、压杆的强度条件，并列出计算公式。

技能训练

1. 设一直杆 AB 沿轴向受力 F_{P1}、F_{P2}、F_{P3} 的作用，如图 3-23 所示，试求杆各段的轴力。

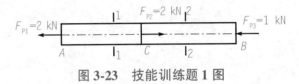

图 3-23　技能训练题 1 图

2. 如图 3-24 所示，已知 $F_1 = 2$ kN、$F_2 = 5$ kN、$F_3 = 4$ kN、$F_4 = 1$ kN，试计算各段轴力并绘制轴力图。

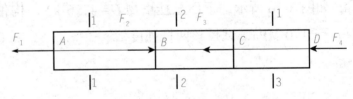

图 3-24　技能训练题 2 图

3. 铰接支架如图 3-25 所示，AB 杆为 $d = 16$ mm 的圆截面杆，BC 杆为 $a = 100$ mm 的正方形截面杆，$F_p = 15$ kN，试计算各杆横截面上的应力。

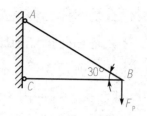

图 3-25　技能训练题 3 图

4. 如图 3-26 所示，下面悬挂重物 $G = 42.6$ kN，构件均由 $d = 14$ mm 的圆钢制成，其许用应力 $[\sigma] = 170$ MPa，试校核两杆强度。

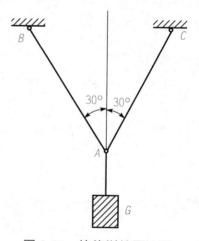

图 3-26　技能训练题 4 图

5. 计算图 3-27 所示结构杆①及杆②的变形。已知杆①为钢杆，$A_1 = 8 \text{ cm}^2$，$E_1 = 200 \text{ GPa}$；杆②为木杆，$A_2 = 400 \text{ cm}^2$，$E_2 = 12 \text{ GPa}$，$P = 120 \text{ kN}$。

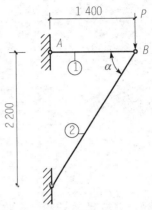

图 3-27　技能训练题 5 图

项目 4 直梁弯曲

梁的形式，梁的内力计算，梁的受力图绘制，梁的正应力及强度条件，梁的变形。

能够认知梁的三种形式并绘制相应简图，能够运用截面法计算单跨梁在简单荷载下的剪力和弯矩，能够绘制梁在荷载作用下的内力图，能够应用正应力强度条件解决实际工程中构件的强度校核问题，认知提高梁弯曲刚度的措施，掌握梁弯曲在工程中的应用。

4.1 梁的弯曲变形与形式

4.1.1 弯曲变形

【观察与思考】

日常生活中，房屋建筑中的楼(屋)面梁、挑梁承受相应的荷载，如图4-1所示。这些构件在荷载作用下会产生怎样的变形？

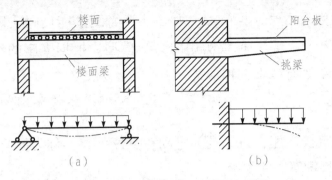

图 4-1 楼(屋)面梁、挑梁受力图

房屋建筑中的楼(屋)面梁、挑梁在荷载作用下会产生弯曲变形,因自身荷载,受到向下的力作用。

杆件在纵向平面内受到力偶或垂直于杆轴线的横向力作用时,杆件的轴线将由直线变成曲线,这种变形称为**弯曲变形**。实际上,杆件在荷载作用下产生弯曲变形时,往往还伴随有其他变形。我们把以弯曲变形为主的杆件称为梁。如图 4-2 所示,梁式桥的主梁、机车的轮轴等都是工程实际中典型的受弯杆件。

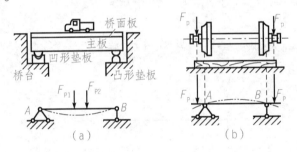

图 4-2 梁式桥的主梁、机车的轮轴受力图

知识链接

板与梁的区别

板与梁的区别:梁的截面高度一般大于截面宽度,而板的高度远远小于宽度。

4.1.2 梁的形式

以弯曲变形为主的构件称为受弯构件,梁是土木工程中最常见的受弯构件之一。轴线是直线的梁称为直梁。土木工程中的梁结构很复杂,完全根据实际结构进行计算很困难,有时甚至不可能。工程中常将实际结构进行简化,抓住基本特点,略去次要细节,用一个简化的图形来代替实际结构，这种图形称为力学计算简图。力学计算简图既能反映实际结构的主要性能，又便于计算，是一种很实用的力学模型。根据支座的约束情况，工程中常见的简单梁有以下三种形式。

1. 简支梁

一端为固定铰支座，另一端为可动铰支座的梁，称为简支梁，如图 4-3 所示。常见的桥梁属于简支梁。

桥梁支承在桥墩上，其两端均不能产生垂直向下的移动，但在桥梁弯曲变形时两端能够产生转动；整个桥梁不能在水平方向移动，但在温度变化时梁会产生热胀冷缩，所以桥梁一端设置为固定铰支座，另一端设置为可动铰支座。桥梁用其轴线代替，从而得到如图 4-4 所示的力学计算简图。

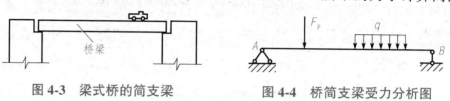

图 4-3　梁式桥的简支梁　　　　图 4-4　桥简支梁受力分析图

2. 悬臂梁

一端为固定端支座，另一端为自由端的梁，称为悬臂梁，如图 4-5 所示。

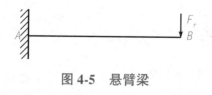

图 4-5　悬臂梁

3. 外伸梁

梁身的一端或两端伸出支座的简支梁，称为外伸梁，如图 4-6 所示。

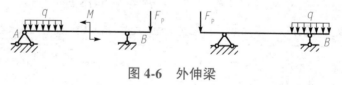

图 4-6　外伸梁

⚠ 提示

梁是水平方向的长条形承重构件，是土木工程中应用极为广泛的一种构件。

【交流与讨论】

学生用手将塑料板一侧压在桌子边上，另一端用手压悬挑部分，如图 4-7 所示，请讨论：把力作用在 A、B、C 三点，哪个点可以使平面弯曲？

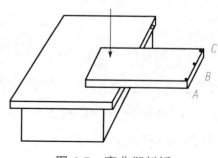

图 4-7　弯曲塑料板

4.2 梁的内力

4.2.1 剪力与弯矩的概念

【观察与思考】

梁在产生平面弯曲时将会产生哪些内力呢?

求梁内力的基本方法仍然是截面法。

现以图 4-8(a)所示的简支梁为例来分析。设荷载 F_P 和支座反力 F_{Ay}、F_{By} 均作用在同一纵向对称平面内,组成的平面力系使梁处于平衡状态,欲计算截面 1—1 上的内力。

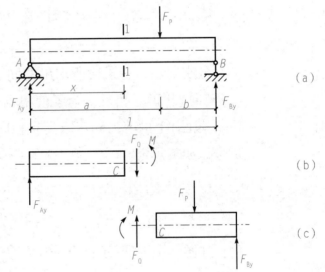

用一个假想的平面将该梁从要求内力的位置 1—1 处切开,使梁分成左右两段,由于原来梁处于平衡状态,所以被切开后它的左段或右段也处于平衡状态,可以任取一段为隔离体。现取左段研究。在左段梁上向上的支座反力 F_{Ay} 有使梁段向上移动的可能,为了维持平

图 4-8 简支梁受力情况

衡,首先要保证该段在竖直方向不发生移动,于是左段在切开的截面上必定存在与 F_{Ay} 大小相等、方向相反的内力 F_Q。但是,内力 F_Q 只能保证左段梁不移动,还不能保证左段梁不转动,因为支座反力 F_{Ay} 对 1—1 截面形心有一个顺时针方向的力矩,这个力矩使该段有顺时针方向转动的趋势。为了保证左段梁不发生转动,在切开的 1–1 截面上还必定存在一个与 F_{Ay} 力矩大小相等、转向相反的内力偶 M,如图 4-8(b)所示。这样在 1—1 截面上同时有了 F_Q 和 M 才使梁段处于平衡状态。可见,产生平面弯曲的梁在其横截面上有两个内力:其一是与横截面相切的内力 F_Q,称为剪力;其二是在纵向对称平面内的内力偶,其力偶矩为 M,称为弯矩。

截面 1—1 上的剪力和弯矩值可由左段梁的平衡条件求得。

由 $\sum F_y = 0$ 得 $\qquad -F_Q + F_{Ay} = 0$

$$F_Q = F_{Ay} \qquad\qquad (4\text{-}1)$$

将力矩方程的矩心选在截面 1-1 的形心 C 点处，剪力 F_Q 将通过矩心。

由 $\sum M_C = 0$ 得 $\qquad M - F_{Ay}x = 0$

$$M = F_{Ay}x \qquad\qquad (4\text{-}2)$$

以上左段梁在截面 1—1 上的剪力和弯矩，实际上是右段梁对左段梁的作用。根据作用力与反作用力原理可知，右段梁在截面 1—1 上的 F_Q、M 与左段梁在 1—1 截面上的 F_Q、M 应大小相等、方向（或转向）相反，如图 4-8（c）所示。若对右段梁列平衡方程进行求解，求出的 F_Q 及 M 也必然如此，请读者自己验证。

4.2.2　剪力与弯矩的正负号

分别取左、右梁段所求出的同一截面上的内力数值虽然相等，但方向（或转向）却正好相反，为了使根据两段梁的平衡条件求得的同一截面（如 1—1 截面）上的剪力和弯矩具有相同的正、负号，这里对剪力和弯矩的正、负号作如下规定：

1. 剪力的正、负号规定

当截面上的剪力 F_Q 使所研究的梁段有顺时针方向转动趋势时，剪力为正，如图 4-9（a）所示；有逆时针方向转动趋势时剪力为负，如图 4-9（b）所示。

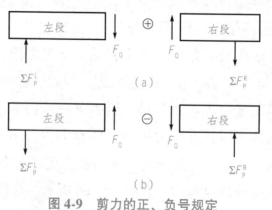

图 4-9　剪力的正、负号规定

2. 弯矩的正、负号规定

当截面上的弯矩使所研究的水平梁段产生向下凸的变形时（即该梁段的

下部受拉，上部受压），弯矩为正，如图 4-10（a）所示；产生向上凸的变形时（即该梁段的上部受拉，下部受压），弯矩为负，如图 4-10（b）所示。

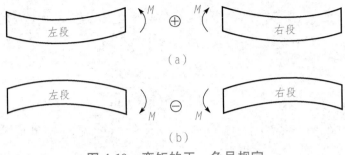

图 4-10 弯矩的正、负号规定

4.2.3 用截面法计算梁指定截面的内力

用截面法求梁指定截面上的剪力和弯矩时的步骤如下：

（1）求支座反力。

（2）用假想的截面将梁从要求剪力和弯矩的位置截开。

（3）取截面的任一侧为隔离体，作出其受力图，列平衡方程求出剪力和弯矩。

【例 4-1】 试用截面法求图 4-11（a）所示悬臂梁 1—1、2—2 截面上的剪力和弯矩。已知：$q = 15$ kN/m，$F_p = 30$ kN。图中截面 1—1 无限接近于截面 A，但在 A 的右侧，通常称为 A 偏右截面。

解：图 4-11 所示为悬臂梁，由于悬臂梁具有一端为自由端的特征，所以在计算内力时可以不求其支座反力。但在不求支座反力的情况下，不能取有支座的梁段计算。

（1）求 1—1 截面的剪力和弯矩。用假想的截面将梁从 1—1 位置截开，取

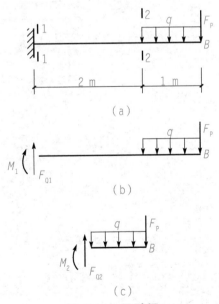

图 4-11 悬臂梁

1—1 截面的右侧为隔离体，作该段的受力图，如图 4-11（b）所示，图中 1-1 截面上的剪力和弯矩都按照正方向假定。

$$\sum F_y = 0, \quad F_{Q1} - F_P - q \times 1 = 0$$

得

$$F_{Q1} = F_P + q \times 1 = 30 + 15 \times 1 = 45 \ (\text{kN})$$

计算结果为正, 说明 1—1 截面上剪力的实际方向与图中假定的方向一致, 即 1—1 截面上的剪力为正值。

$$\sum M_{1-1} = 0, \quad -M_1 - q \times 1 \times 2.5 - F_P \times 3 = 0$$

得
$$M_1 = -q \times 1 \times 2.5 - F_P \times 3$$
$$= -15 \times 1 \times 2.5 - 30 \times 3$$
$$= -127.5 \, (\text{kN} \cdot \text{m})$$

计算结果为负, 说明 1—1 截面上弯矩的实际方向与图中假定的方向相反, 即 1—1 截面上的弯矩为负值。

(2)求 2—2 截面上的剪力和弯矩。用假想的截面将梁从 2—2 位置截开, 取 2—2 截面的右侧为隔离体, 作该段的受力图, 如图 4-11(c)所示。

$$\sum F_y = 0, \quad F_{Q2} - F_P - q \times 1 = 0$$

得
$$F_{Q2} = F_P + q \times 1 = 30 + 15 \times 1 = 45 \, (\text{kN}) \qquad (\text{正})$$

$$\sum M_{2-2} = 0, \quad -M_2 - q \times 1 \times 0.5 - F_P \times 1 = 0$$

得
$$M_2 = -q \times 1 \times 0.5 - F_P \times 1 = -37.5 \, (\text{kN} \cdot \text{m})$$

【例 4-2】 简支梁受力如图 4-12 所示, 试求 1—1 截面的剪力和弯矩。

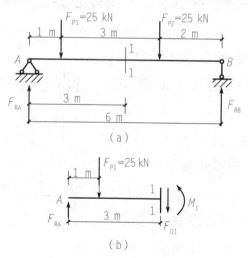

图 4-12 例 4-2 图

解: (1)计算支座反力。由梁的整体平衡条件可求得 A、B 两支座反力为

$$F_{RA} = \frac{F_{P1} \times 5 + F_{P2} \times 2}{6} = 29.2 \, (\text{kN})$$

$$F_{RB} = \frac{F_{P1} \times 1 + F_{P2} \times 4}{6} = 20.8 \, (\text{kN})$$

(2)计算截面内力。用截面 1—1 将梁截成两段, 取左段为研究对象,

并先设剪力 F_{Q1} 和弯矩 M_1 都为正，如图 4-12（b）所示。由平衡条件

$$\sum F_y = 0, \quad F_{RA} - F_{P1} - F_{Q1} = 0$$

得

$$F_{Q1} = F_{RA} - F_{P1} = 29.2 - 25 = 4.2(\text{kN})$$

由

$$\sum M_1 = 0, \quad F_{RA} \times 3 + F_{P1} \times 2 + M_1 = 0$$

得

$$M_1 = F_{RA} \times 3 - F_{P1} \times 2 = 29.2 \times 3 - 25 \times 2 = 37.6(\text{kN} \cdot \text{m})$$

所得 F_{Q1}、M_1 为正值，表示 F_{Q1}、M_1 方向与实际方向相同。实际方向按剪力和弯矩的符号规定均为正。

⚠ 提示

施工或检修荷载在最不利位置处验算。

📖 知识链接

利用截面法求内力时注意事项

（1）用截面法求梁的内力时，可取截面任一侧研究，但为简化计算，通常取外力比较少的一侧来研究。

（2）作所取隔离体的受力图时，在切开的截面上，未知的剪力和弯矩通常均按正方向假定。这样能够把计算结果的正、负号和剪力、弯矩的正负号相统一，即计算结果的正负号就表示内力的正负号。

（3）在列梁段的静力平衡方程时，要把剪力、弯矩当作隔离体上的外力来看待。因此，平衡方程中剪力、弯矩的正负号应按静力计算的习惯而定，不要与剪力、弯矩本身的正、负号相混淆。

（4）在集中力作用处，剪力发生突变，没有固定数值，应分别计算该处稍偏左及稍偏右截面上的剪力，而弯矩在该处有固定数值，稍偏左及稍偏右截面上的数值相同，只需要计算该截面处的一个弯矩即可；在集中力偶作用处，弯矩发生突变，没有固定数值，应分别计算该处稍偏左及稍偏右截面上的弯矩，而剪力在该处有固定数值，稍偏左及稍偏右截面上的数值相同，只需要计算该截面处的一个剪力即可。

4.2.4 剪力和弯矩的计算规律

1. 剪力和弯矩的数值

梁上任一横截面的剪力，其数值等于该横截面一侧所有外力沿横面方向投影的代数和；梁上任一横截面的弯矩，其数值等于该横截面一侧所有外力对横截面形心力矩的代数和。

2. 剪力和弯矩的正负号

以取梁左段(或右段)时内力的正方向为对比标准,凡外力投影的方向与剪力正方向相反者取正号,相同者取负号,即"左上右下剪力正";凡外力对该横截面形心的力矩转向与弯矩方向相反者取正号,相同者取负号,取"左顺右逆弯矩正"。

⚠ 提示

从截面法计算剪力和弯矩的过程可知:通过建立坐标投影平衡方程和力矩平衡方程分别计算剪力和弯矩,过程烦琐。在掌握截面法计算内力的基础上,可直接利用外力计算内力。

4.3 梁的内力图

4.3.1 剪力图和弯矩图的概念

【观察与思考】

钢筋混凝土梁受拉一侧配置受力钢筋,如图4-13所示,这是为什么?

图4-13 钢筋混凝土梁

因为混凝土抗拉强度低,钢筋抗拉强度高,所以在钢筋混凝土梁受拉一侧配置受力钢筋。

为了形象地表明沿梁轴线各横截面上剪力和弯矩的变化情况,通常,将剪力和弯矩在全梁范围内变化的规律用图形来表示,这种图形称为剪力图和弯矩图,即梁的内力图。

在土建工程中，对于水平梁而言，习惯将正剪力作在 x 轴的上方，负剪力作在 x 轴的下方，并标明正、负号；正弯矩作在 x 轴的下方，负弯矩作在 x 轴的上方，即弯矩图总是作在梁受拉的一侧。对于非水平梁而言，剪力图可以作在梁轴线的任一侧，并标明正、负号；弯矩图作在梁受拉的一侧。

⚠ **提示**

了解剪力和弯矩在全梁内沿梁轴线的分布情况，知道剪力和弯矩的最大值及其所在横截面的位置，有助于施工人员理解图纸的设计意图，从而采用正确的施工方法。

4.3.2 剪力方程和弯矩方程

梁横截面上的剪力和弯矩一般是随横截面的位置而变化的。若横截面沿梁轴线的位置用横坐标 x 表示，则梁内各横截面上的剪力和弯矩都可以表示为坐标 x 的函数，即

$$F_Q = F_Q(x)$$

$$M = M(x) \tag{4-3}$$

⚠ **提示**

通过梁的剪力方程和弯矩方程，可以找到剪力和弯矩沿梁轴线的变化规律。

以上两函数分别称为梁的剪力方程和弯矩方程。

在建立剪力方程、弯矩方程时，剪力、弯矩仍然可使用截面法或用"规律"直接由外力计算。如图 4-14(a) 所示的悬臂梁，当将坐标原点假定在左端点 A 上时，如图 4-14(b) 所示，在距离原点为 x 的位置处取一截面，并取该截面的左侧研究，直接用外力的规律可写出方程。

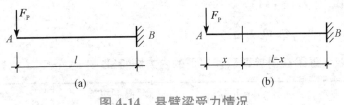

图 4-14 悬臂梁受力情况

剪力方程为 $\qquad F_Q = -F_p \quad (0 < x < l) \tag{4-4}$

弯矩方程为 $\qquad M = -F_p x \quad (0 \leqslant x \leqslant l) \tag{4-5}$

式中，括号内表示 x 值的取值范围，即方程的适用范围。

可见，当 $x=0$ 时，表示该悬臂梁 A 偏右截面上的剪力 $F_{QB}^R = -F_P$ 及 A 截面上的弯矩 $M_A=0$；当 $x=l$ 时，表示 B 偏左截面上的内力 $F_{QB}^R = -F_P$、$M_B^L = F_P l$。

4.3.3 梁内力图的规律

1. 简支梁在简单荷载作用下的内力图

绘制梁的内力图的基本方法是：先建立剪力方程和弯矩方程，再根据剪力和弯矩的函数关系，采用描点法得到相应的剪力图和弯矩图。表4-1是应用这种方法绘制出的简支梁在简单荷载作用下的内力图，读者可用截面法计算指定截面内力的方法加以验证。

表 4-1　简支梁在简单荷载作用下的内力图

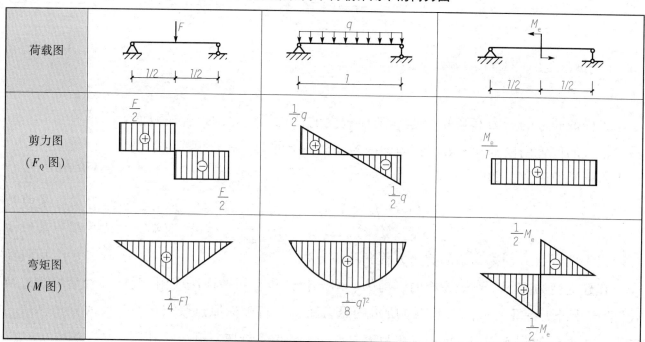

2. 直梁在简单荷载作用下的内力图特征

直梁在简单荷载作用下的内力图特征见表4-2。

表 4-2　直梁在简单荷载作用下的内力图特征

梁上荷载情况	无荷载区 $q=0$ l		集中载荷作用处 F	向下均布荷载区 q l	集中力偶作用处 M_c
	水平直线		作用处突变	下倾斜直线	作用处无变化
剪力图特征	$\oplus$ $F_Q>0$	$\ominus$ $F_Q<0$ $F_Q=0$	F	ql l	$\rightarrow$

	下倾斜直线	上倾斜直线	水平直线	作用处折成尖角	向下凸的抛物线	作用处突变
弯矩图特征			→			

3. 梁内力图的规律

综合分析表 4-1 中简支梁的特定内力图和表 4-2 中直梁的一般内力图特征，依据荷载、剪力、弯矩之间的内在关系，可以归纳总结出梁内力图的规律。具体如下。

(1) 无荷载区：剪力图为零线，弯矩图为水平直线；剪力图为水平直线，弯矩图为斜直线。

(2) 集中力作用处：剪力图突变，突变的绝对值等于集中力的大小，突变的方向与集中力方向相同；弯矩图折成尖角，尖角方向与集中力方向相同。

(3) 集中力偶作用处：剪力图无变化；弯矩图突变，突变的绝对值等于力偶矩的大小，突变的方向为顺时针力偶向下降，逆时针力偶向上升。梁的两端无集中力偶作用，弯矩必为零。

(4) 均布荷载区：当均布荷载作用方向向下时，剪力图为下倾斜直线，变化的绝对值等于均布荷载的合力；弯矩图为向下凸的抛物线。

(5) 剪力与弯矩的关系：当剪力图为正时，弯矩图斜向右下方；当剪力图为负时，弯矩图斜向右上方；剪力为零的截面，弯矩有极值；梁右控制截面弯矩等于左控制截面弯矩加上左右控制截面间剪力图的"面积"。

对于内力图规律第 (5) 条需要指出的是：因为剪力图有正有负，所以前后截面间剪力图的"面积"亦有正有负，两者正、负号相同。

⚠ **提示**

这种通过对特定梁的内力图的讨论，探究内力图的一般规律，并用该规律简捷绘制梁的内力图的方法，是工作中分析问题、解决问题的一种常用方法。

4.3.4　梁内力图的绘制

作剪力图和弯矩图最基本的方法是：根据剪力方程和弯矩方程分别绘出剪力图和弯矩图。绘图时，以平行于梁轴线的坐标 x 表示梁横截面的位置，以垂直于 x 轴的纵坐标（按适当的比例）表示相应横截面上的剪力或弯矩。

【例 4-3】　作图 4-15（a）所示的悬臂梁在集中力作用下的剪力图和弯矩图。

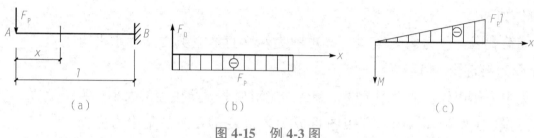

图 4-15　例 4-3 图

解：因为图示梁为悬臂梁，所以可以不求支座反力。

（1）列剪力方程和弯矩方程。将坐标原点假定在左端点 A 处，并取距离 A 端为 x 的截面左侧研究。

剪力方程为

$$F_Q = -F_p \quad (0 < x < l)$$

弯矩方程为

$$M = -F_p x \quad (0 \leqslant x \leqslant l)$$

（2）作剪力图和弯矩图。剪力方程为 x 的常函数，所以不论 x 取何值剪力恒等于 $-F_p$，剪力图为一条与 x 轴平行的直线，而且在 x 轴的下方。剪力图如图 4-15（b）所示。

弯矩方程为 x 的一次函数，所以弯矩图为一条斜直线。由于不论 x 取何值弯矩均为负值，所以弯矩图应作在 x 轴的上方。

当 $x = 0$ 时　　　　　　　　　　　　$M_A = 0$

当 $x = l$ 时　　　　　　　　　　　　$M_B^L = -F_p l$

作弯矩图如图 4-15（c）所示。

与作杆件的轴力图类似，在作出的剪力图上要标出控制截面的内力值、剪力的正、负号，作出垂直于 x 轴的细直线；而弯矩图比较特殊，由于弯矩图总是作在梁受拉的一侧，因此可以不标正、负号，其他要求同剪力图。

【例4-4】 作图4-16(a)所示的简支梁在集中力作用下的剪力图和弯矩图。

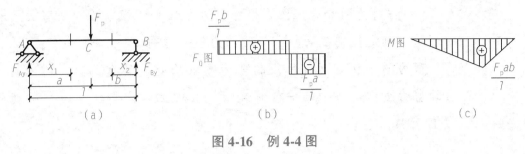

图4-16 例4-4图

解： (1)取整体梁为隔离体，由平衡方程

$$\sum M_B = 0, \quad -F_{Ay}l + F_p b = 0$$

得

$$F_{Ay} = \frac{F_p b}{l} \quad (\uparrow)$$

$$\sum M_A = 0, \quad F_{By}l - F_p a = 0$$

得

$$F_{By} = \frac{F_p a}{l} \quad (\uparrow)$$

校核

$$\sum F_y = F_{Ay} - F_p + F_{By} = \frac{F_p b}{l} - F_p + \frac{F_p a}{l} = 0$$

说明支座反力计算正确。

(2)列剪力方程和弯矩方程。经过观察注意到：该梁在 C 截面上作用一个集中力，使 AC 段和 CB 段的剪力方程和弯矩方程不同，因此，列方程时要将梁从 C 截面处分成两段。

AC 段：在 AC 段上距离 A 端为 x_1 的任意截面处将梁截开，取左段研究，根据左段上的外力直接列方程

$$F_{Q1} = F_{Ay} = \frac{F_p b}{l} \quad (0 < x_1 < a)$$

$$M_1 = F_{Ay}x_1 = \frac{F_p b}{l}x_1 \quad (0 \leqslant x_1 \leqslant a)$$

CB 段：在 CB 段上距离 B 端为 x_2 的任意截面处将梁截开，取右段研究，根据右段上的外力直接列方程

$$F_{Q2} = -F_{By} = -\frac{F_p a}{l} \quad (0 < x_2 < b)$$

$$M_2 = F_{By}x_2 = \frac{F_p a}{l}x_2 \quad (0 \leqslant x_2 \leqslant b)$$

（3）作剪力图和弯矩图。根据剪力方程和弯矩方程判断剪力图和弯矩图的形状，确定控制截面的个数及内力值，作图。

剪力图：AC 段和 CB 段的剪力方程均是 x 的常函数，所以 AC 段、CB 段的剪力图都是与 x 轴平行的直线，每段上只需要计算一个控制截面的剪力值。

AC 段：剪力值为 $\dfrac{F_p b}{l}$，图形在 x 轴的上方。

CB 段：剪力值为 $-\dfrac{F_p a}{l}$，图形在 x 轴的下方。

弯矩图：AC 段和 CB 段的弯矩方程均是 x 的一次函数，所以 AC 段、CB 段的弯矩图都是一条斜直线，每段上需要分别计算两个控制截面的弯矩值。

AC 段：当 $x_1 = 0$ 时，$M_A = 0$

当 $x_1 = a$ 时，$M_C = \dfrac{F_p ab}{l}$

将 $M_A = 0$ 及 $M_C = \dfrac{F_p ab}{l}$ 两点连线即可以作出 AC 段的弯矩图。

CB 段：当 $x_2 = 0$ 时，$M_B = 0$

当 $x_2 = b$ 时，$M_C = \dfrac{F_p ab}{l}$

将 $M_B = 0$ 及 $M_C = \dfrac{F_p ab}{l}$ 两点连线即可以作出 CB 段的弯矩图。

作出的剪力图、弯矩图如图 4-16（b）、（c）所示。

注意：应将内力图与梁的计算简图对齐。在写出图名（F_Q 图、M 图）、控制截面内力值，标明内力正、负号的情况下，可以不作出坐标轴。习惯上作图时常用这种方法。由弯矩图可知：简支梁上只有一个集中力作用时，在集中力作用处弯矩出现最大值，$M_{max} = \dfrac{F_p ab}{l}$；若集中力正好作用在梁的跨中，即 $a = b = \dfrac{l}{2}$ 时，弯矩的最大值为 $M_{max} = \dfrac{F_p l}{4}$。

这个结论在今后学习叠加法时经常用到，需要特别注意。

【例 4-5】 作图 4-17（a）所示的简支梁在满跨向下均布荷载作用下的剪力图和弯矩图。

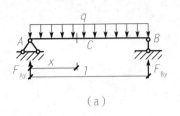 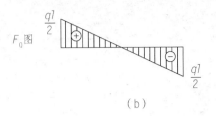 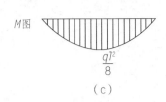

（a）　　　　　　　　　（b）　　　　　　　　　（c）

图 4-17　例 4-5 图

解：（1）求支座反力。由对称关系可知

$$F_{By} = F_{Ay} = \frac{ql}{2} \quad (\uparrow)$$

（2）列剪力方程和弯矩方程。在距离左端点为 x 的位置取任意截面，并取截面左侧研究，由该段上的外力可得

$$F_Q(x) = F_{Ay} - qx = \frac{ql}{2} - qx \quad (0 < x < l)$$

$$M(x) = F_{Ay}x - \frac{qx^2}{2} = \frac{ql}{2}x - \frac{qx^2}{2} \quad (0 \leqslant x \leqslant l)$$

（3）作剪力图和弯矩图。由剪力方程可知：剪力为 x 的一次函数，所以剪力图为一条斜直线，需要确定两个控制截面的数值。

当 $x = 0$ 时，$F_{QA}^R = \dfrac{ql}{2}$

当 $x = l$ 时，$F_{QB}^L = -\dfrac{ql}{2}$

将 $F_{QA}^R = \dfrac{ql}{2}$ 与 $F_{QB}^L = -\dfrac{ql}{2}$ 连线得梁的剪力图，如图 4-17（b）所示。

由弯矩方程可知：弯矩为 x 的二次函数，弯矩图为一条二次抛物线，至少需要确定三个控制截面的数值。

当 $x = 0$ 时，$M_A = 0$

当 $x = l$ 时，$M_B = 0$

当 $x = l/2$ 时，$M_C = \dfrac{ql^2}{8}$

将三点连线得梁的弯矩图，如图 4-17（c）所示。

【例 4-6】　作图 4-18（a）所示的外伸梁在满跨向下均布荷载作用下的剪力图和弯矩图。

解：（1）求支座反力。

$$\sum M_B = 0, \quad -F_{Ay} \times 5a + q \times 7a \times 1.5a = 0$$

> **注意**
>
> 对于简支梁在满跨向下均布荷载作用下的弯矩图，在今后学习中经常用到，要牢记这个弯矩图。

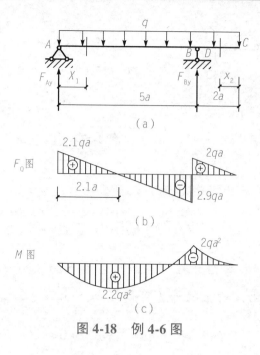

图4-18 例4-6图

得

$$F_{Ay} = 2.1qa \quad (\uparrow)$$

$$\sum M_A = 0, \quad F_{By} \times 5a - q \times 7a \times 3.5a = 0$$

得

$$F_{By} = 4.9qa \quad (\uparrow)$$

（2）列剪力方程和弯矩方程。根据梁的端截面及集中力的作用截面将梁分成 AB、BC 两段。在 AB 段上距离左端点为 x_1 的位置取任意截面，并取截面左侧研究，由该段上的外力可得

$$F_Q(x_1) = F_{Ay} - qx_1 = 2.1qa - qx_1 \quad (0 < x_1 < 5a)$$

$$M(x_1) = F_{Ay}x_1 - qx_1\frac{x_1}{2} = 2.1qax_1 - \frac{qx_1^2}{2} \quad (0 \leqslant x_1 \leqslant 5a)$$

在 BC 段上距右端点为 x_2 的位置取任意截面，并取截面右侧研究，由该段上的外力可得

$$F_Q(x_2) = qx_2 \quad (0 \leqslant x_2 < 2a)$$

$$M(x_2) = -\frac{qx_2^2}{2} \quad (0 \leqslant x_2 \leqslant 2a)$$

（3）作剪力图和弯矩图。由剪力方程可知，剪力为 x 的一次函数，剪力图为斜直线，各段上分别需要确定两个控制截面的数值。

当 $x_1 = 0$ 时，$F_{QA} = 2.1qa$

当 $x_1 = 5a$ 时，$F_{QB}^L = -2.9qa$

当 $x_2 = 0$ 时，$F_{QC} = 0$

当 $x_2 = 2a$ 时，$F_{QB}^R = 2qa$

将 $F_{QA}=2.1qa$ 与 $F_{QB}^{L}=-2.9qa$ 连线，将 $F_{QB}^{R}=-2qa$ 与 $F_{QC}=0$ 连线得梁的剪力图，如图 4-18(b)所示。

由弯矩方程可知，弯矩为 x 的二次函数，弯矩图为二次抛物线，各段上分别需要确定三个控制截面的数值。

当 $x_1=0$ 时，$M_A=0$

当 $x_1=5a$ 时，$M_B=-2qa^2$

当 $x_1=2.1a$ 时，剪力等于零；弯矩取得该段上的极值 $M_{max}=2.2qa^2$。

当 $x_2=0$ 时，$M_C=0$

当 $x_2=2a$ 时，$M_B=-2qa^2$

当 $x_2=a$ 时，$M_D=-\dfrac{qa^2}{2}$

将 $M_A=0$ 与 $M_{max}=2.2qa^2$ 和 $M_B=-2qa^2$ 三点连线得 AB 段梁的弯矩图；将 $M_C=0$ 与 $M_B=-2qa^2$ 和 $M_D=-\dfrac{qa^2}{2}$ 三点连线得 BC 段梁的弯矩图，如图 4-18 (c)所示。

⚠ 提示

悬臂梁计算内力时向自由端看，避免求支座反力。

*4.4　梁的正应力及其强度条件

4.4.1　梁的正应力

1. 正应力分布规律

为了解正应力在横截面上的分布情况，可先观察梁的变形，取一弹性较好的矩形截面简支橡胶梁，在其表面上画上一系列与轴线平行的纵向线及与轴线垂直的横向线，构成许多均等的小矩形，然后在梁的两端施加一对力偶矩为 M 的外力偶，使梁发生纯弯曲变形，如图 4-19 所示，这时可观察到下列现象：

(1)各横向线仍为直线，只倾斜了一个角度。

(2)各纵向线弯成曲线，上部纵向线缩短，下部纵向线伸长。

从上部各层纤维缩短到下部各层纤维伸长的连续变化中，必有一层纤维既不缩短也不伸长，这层纤维称为中性层。中性层与横截面的交线称为

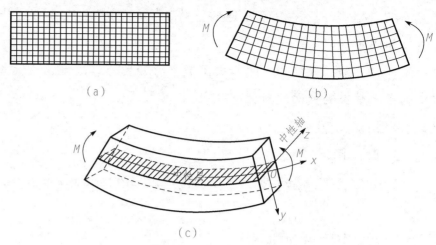

图 4-19 梁的弯曲应力

中性轴，如图 4-19（c）所示。中性轴通过横截面形心，且与竖向对称轴 y 垂直，并将梁横截面分为受压和受拉两个区域。由此可知，梁弯曲变形时，各截面绕中性轴转动，使梁内纵向纤维伸长和缩短，中性层上各纵向纤维的长度不变。通过进一步的分析可知，各层纵向纤维的线应变沿截面高度应为线性变化规律，从而由胡克定律可推出，梁弯曲时，横截面上的正应力沿截面高度呈线性分布规律变化，如图 4-20 所示。

综合上述，梁弯曲试验分析，梁的正应力分布规律是：梁的正应力沿截面高度成线性分布（"K"形分布），中性轴处正应力为零，上、下边缘处正应力最大。

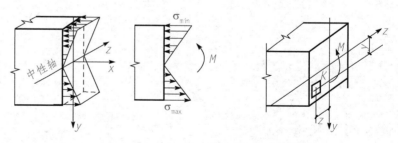

图 4-20 梁弯曲时正应力分布规律

📖 知识链接

梁的内部变形的假设

（1）平面假设各横向线代表横截面，变形前后都是直线，表明横截面变形后仍保持平面，且仍垂直于弯曲后的梁轴线。

（2）单向受力假设将梁看成由无数纤维组成，各纤维只受到轴向拉伸或压缩，不存在相互挤压。

2. 正应力计算公式

如图 4-20 所示,根据理论推导(推导从略),梁弯曲时横截面上任一点正应力的计算公式为:

$$\sigma = \frac{My}{I_z} \tag{4-6}$$

式中 M——横截面上的弯矩;

y——所计算应力点到中性轴的距离;

I_z——截面对中性轴的惯性矩。惯性矩是衡量截面抗弯能力的一个几何量,单位为 m^4、cm^4 或 mm^4。如矩形截面的惯性矩 $I_z = \frac{bh^3}{12}$,圆形截面的惯性矩 $I_z = \frac{\pi d^4}{64}$。

式(4-6)说明,梁弯曲时横截面上任一点的正应力 σ 与弯矩 M 和该点到中性轴距离 y 成正比,与截面对中性轴的惯性矩成反比,正应力沿截面高度呈线性分布;中性轴上($y=0$)各点处的正应力为零;在上、下边缘处($y=y_{max}$)正应力的绝对值最大。用式(4-6)计算正应力时,M 和 y 均用绝对值代入。当截面上有正弯矩时,中性轴以下部分为拉应力,以上部分为压应力;当截面有负弯矩时,则相反。

【例 4-7】 长为 l 的矩形截面悬臂梁,在自由端处作用一集中力 F,如图 4-21 所示。已知 $F=3$ kN,$h=180$ mm,$b=120$ mm,$y=60$ mm,$l=3$ m,$a=2$ m,求 C 截面上 K 点的正应力。

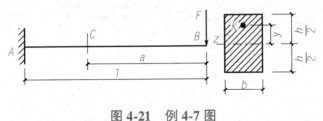

图 4-21 例 4-7 图

解:(1)计算 C 截面的弯矩。

$$M_C = -Fa = -3 \times 2 = -6(kN \cdot m)$$

(2)计算截面对中性轴的惯性矩。

$$I_z = \frac{bh^3}{12} = \frac{120 \times 180^3}{12} = 58.32 \times 10^6 (mm^4)$$

(3)计算 C 截面上 K 点的正应力,将 M_C、y(均取绝对值)及 l 代入式(4-6),得:

$$\sigma_{\mathrm{K}} = \frac{M_{\mathrm{C}}y}{I_{\mathrm{z}}} = \frac{6 \times 10^6 \times 60}{58.32 \times 10^6} = 6.17(\mathrm{MPa})$$

由于 C 截面的弯矩为负，K 点位于中性轴上方，所以 K 点的应力为拉应力。

4.4.2 梁的正应力强度条件及应用

1. 梁的正应力强度条件

为了保证梁具有足够的强度，必须使梁危险截面上的最大正应力不超过材料的许用应力，即

$$\sigma_{\max} = \frac{M_{\max}}{W_{\mathrm{z}}} \leqslant [\sigma] \tag{4-7}$$

式(4-7)为梁的正应力强度条件。W_{z} 为截面抗弯系数，也是衡量截面抗弯能力的一个几何量，单位为 m^3、cm^3 或 mm^3。如矩形截面的 $W_{\mathrm{z}} = \frac{bh^2}{6}$，圆形截面的 $W_{\mathrm{z}} = \frac{\pi d^3}{32}$。

根据强度条件可解决工程中有关强度方面的三类问题：

(1)强度校核。在已知梁的横截面形状和尺寸、材料及所受荷载的情况下，可校核梁是否满足正应力强度条件。即校核是否满足式(4-7)。

(2)设计截面。当已知梁的荷载和所用的材料时，可根据强度条件，先计算出所需的最小抗弯截面系数：

$$W_{\mathrm{z}} \geqslant \frac{M_{\max}}{[\sigma]} \tag{4-8}$$

然后根据梁的截面形状，再由 W_{z} 值确定截面的具体尺寸或型钢号。

(3)确定许用荷载。已知梁的材料、横截面形状和尺寸，根据强度条件先算出梁所能承受的最大弯矩，即

$$M_{\max} \leqslant W_{\mathrm{z}}[\sigma] \tag{4-9}$$

然后由 M 与荷载的关系，算出梁所能承受的最大荷载。

2. 梁的正应力强度条件计算步骤

(1)分析梁的受力，依据平衡条件确定约束力，分析梁的内力(画出弯矩图)。

(2)依据弯矩图及截面沿梁轴线变化的情况，确定可能的危险截面；对

等截面梁，弯矩最大截面即为危险截面。

（3）确定危险点：对于拉、压力学性能相同的材料（如钢材），其最大拉应力点和最大压应力点具有同样的危险程度，因此，危险点显然位于危险截面上离中性轴最远处。而对于拉、压力学性能不等的材料（如铸铁），则需分别计算梁内绝对值最大的拉应力与压应力，因为最大拉应力点与最大压应力点均可能是危险点。

（4）依据强度条件，进行强度计算。

【例 4-8】 一悬臂梁长 $l = 1.5$ m，自由端受集中力 $F_P = 32$ kN 作用，如图 4-22 所示。梁由 22a 号工字钢制成，自重按 $q = 0.33$ kN/m 计算，材料的容许应力 $[\sigma] = 160$ MPa，试校核梁的正应力强度。

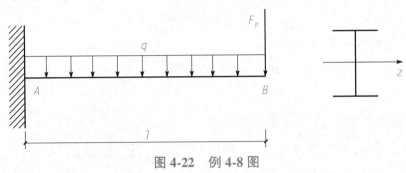

图 4-22 例 4-8 图

解： 此问题属于正应力强度条件在工程中的第一类应用——强度校核。

（1）求最大弯矩的绝对值。

最大弯矩在固定端截面 A 处，其绝对值为

$$|M_{max}| = F_P l + q l \frac{l}{2} = 32 \times 1.5 + 0.33 \times 1.5 \times \frac{1.5}{2} = 48.4 (\text{kN} \cdot \text{m})$$

（2）查附录型钢表，22a 号工字钢的截面抗弯系数为

$$I_z = 309 \text{ cm}^3$$

（3）校核正应力强度，由强度条件得

$$\sigma_{max} = \frac{M_{max}}{W_z} = \frac{48.4 \times 10^6}{309 \times 10^3} = 157 (\text{MPa}) < [\sigma] = 160 \text{ MPa}$$

满足正应力强度条件。

【例 4-9】 原起重量为 50 kN 的单梁吊车，其跨度 $l = 10.5$ m，其计算简图如图 4-23 所示，由 45a 号工字钢制成。现拟将其起重量提高到 $F_P = 70$ kN，试校核梁的强度。若强度不够，再计算其可以承受的起重量。梁的材料为 Q235 钢，容许应力 $[\sigma] = 140$ MPa；电葫芦自重 $G = 15$ kN，暂不考虑梁的

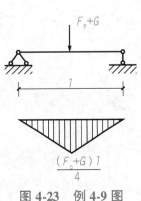

图 4-23 例 4-9 图

> ⚠ 提示
>
> 危险截面上应力最大的点为危险点，该处位于工字钢的上、下边缘。梁的自重为均布荷载。

自重。

解： (1)画弯矩图，确定危险截面。

显然，当电葫芦行至梁跨中时所引起的弯矩最大，此时弯矩如图 4-23 所示。由弯矩图可知，危险面为跨中截面处，其弯矩为

$$M_{max} = \frac{(F_P + G)l}{4} = \frac{(70+15) \times 10.5}{4} = 223 (kN \cdot m)$$

(2)计算最大弯曲正应力。

等截面梁，且截面(如工字钢、矩形、圆形)对称于中性轴，此类梁的最大弯曲正应力发生在危险截面(最大弯矩处)的上下边缘点处。

由型钢表查得 45a 工字钢的抗弯截面系数

$$W_z = 1\ 430\ cm^3$$

故梁内最大工作应力为

$$\sigma_{max} = \frac{M_{max}}{W_z} = \frac{223 \times 10^6}{1\ 430 \times 10^3} = 156 (MPa)$$

(3)依据强度条件，进行强度计算。

显然，最大工作应力超过了材料的容许应力，故该梁不安全。

梁的最大承载能力：

$$M_{max} \leq [\sigma] \cdot W_z = 140 \times 1\ 430 \times 10^3 = 200 \times 10^6 (N \cdot mm) = 200 (kN \cdot m)$$

$$F_P = \frac{4M_{max}}{l} - G = \frac{4 \times 200}{10.5} - 15 = 61.2 (kN)$$

因此，梁的最大起重量为 61.2 kN。

【例 4-10】 图 4-24 所示为圆形截面简支木梁受满跨均布荷载作用，跨度 $l = 4$ m，截面直径 $D = 160$ mm，容许弯曲应力 $[\sigma] = 10$ MPa，试按正应力强度计算梁上容许的均布荷载值。

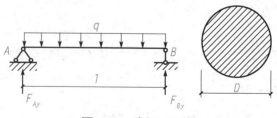

图 4-24 例 4-10 图

解： 本问题属于正应力强度条件在工程中的第三类应用——确定许用荷载。

(1)求梁满足强度条件时所能承受的最大弯矩。

圆形截面的抗弯截面系数为

$$W_z = \frac{\pi D^3}{32} = \frac{3.14 \times 160^3}{32} = 4.02 \times 10^5 (\text{mm}^3)$$

根据强度条件 $\sigma_{max} = \frac{M_{max}}{W_z} \leqslant [\sigma]$ 得

$$M_{max} \leqslant W_z[\sigma] = 4.02 \times 10^5 \times 10 = 4.02 \times 10^6 (\text{N} \cdot \text{mm}) = 4.02 (\text{kN} \cdot \text{m})$$

(2)根据梁上的实际荷载确定最大弯矩与荷载之间的关系。

此梁的最大弯矩为

$$M_{max} = \frac{ql^2}{8} = 2q$$

荷载 q 的单位为 kN/m。

(3)确定梁所能承受的容许荷载值。

梁在实际荷载作用下产生的最大弯矩不能超过满足强度条件时所能承受的最大弯矩。即

$$M_{max} = 2q \leqslant 4.02 (\text{kN} \cdot \text{m})$$

$$q \leqslant 2.01 \text{ kN/m}$$

梁所能承受的容许荷载值为 $[q] = 2.01$ kN/m。

4.5 梁的变形

4.5.1 挠度的概念

【观察与思考】

桥式起重机大梁，如图 4-25 所示，变形过大将使吊车产生什么现象？

图 4-25 桥式起重机大梁

桥式起重机大梁，变形过大将使吊车产生爬坡现象，并引起振动，以致不能平稳地起吊重物；车床的主轴变形过大将会影响齿轮的啮合，往往影响零件的加工精度，造成不均匀磨损，产生噪声，缩短设备的使用寿命等。因此，工程上除了应保证梁有足够的强度以外，还要保证其有足够的刚度，也就是说，梁的弯曲变形值必须限制在一定的范围内。

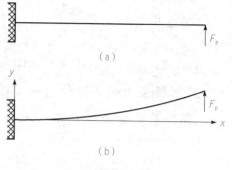

图 4-26 梁的变形

梁受到外力作用后，原为直线的轴线将弯曲成一条曲线，如图 4-26 所示。弯曲变形时，梁的各个横截面在空间的位置也随之发生了改变，即产生了位移。力学中把梁的这种位移称为弯曲变形或梁的变形。弯曲后的梁轴线称为梁的挠曲线。

梁发生弯曲变形时，截面上一般同时存在弯矩和剪力两种内力。通过理论计算证明，梁较为细长时，剪力引起的挠度与弯矩引起的挠度相比很微小。为了简化计算，通常忽略剪力对变形的影响，而只计算弯矩所引起的变形。

⚠ 提示

梁的变形是用挠度和转角来度量的。

以简支梁为例，如图 4-27 所示，取梁变形前轴线为 x 轴，梁的左端点为坐标原点，y 轴向下为正，xy 面是梁的纵向对称平面，当梁在 xy 面内发生平面弯曲时，梁变形后的轴线变成了该平面内一条光滑而连续的平面曲线，这条曲线称为挠曲线。

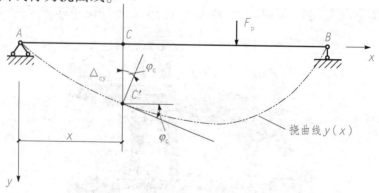

图 4-27 简支梁

从图 4-27 中可以看出：挠曲线上各点的纵向坐标 y 是随着截面位置 x 而变化的。所以，梁的挠曲线可用下列方程来表示。

$$y=f(x) \tag{4-10}$$

我们称式(4-10)为梁的挠曲线方程。显然任一横截面的形心（即轴线上的各点）在垂直于 x 轴方向（即沿 y 轴方向）的线位移 CC'，即为该截面的挠度，常用 y 表示，单位 mm。规定挠度的符号向下为正。

梁弯曲时，任一横截面相对于原来位置所转过的角度为该截面的转角，用 φ 表示，单位弧度（rad）。规定转角的符号为顺时针转动为正。

常用梁在简单荷载作用下的变形，见表 4-3。

表 4-3　梁在简单荷载作用下的挠度和转角

支承和荷载情况	梁端转角	最大挠度	挠曲线方程式
	$\varphi_B=\dfrac{F_P l^2}{2EI_z}$	$y_{max}=\dfrac{F_P l^3}{3EI_z}$	$y=\dfrac{F_P x^2}{6EI_z}(3l-x)$
	$\varphi_B=\dfrac{F_P a^2}{2EI_z}$	$y_{max}=\dfrac{F_P a^3}{6EI_z}(3l-a)$	$y=\dfrac{F_P x^2}{6EI_z}(3a-x),\quad 0\leqslant x\leqslant a$ $y=\dfrac{F_P a^2}{6EI_z}(3x-a),\quad a\leqslant x\leqslant 1$
	$\varphi_B=\dfrac{ql^3}{6EI}$	$y_{max}=\dfrac{ql^4}{8EI}$	$y=\dfrac{qx^2}{24EI}(x^2+6l^2-4lx)$
	$\varphi_B=\dfrac{Ml}{EI}$	$y_{max}=\dfrac{Mx^2}{2EI}$	$y=\dfrac{Mx^2}{2EI}$
	$\varphi_A=-\varphi_B=\dfrac{F_P l^2}{16EI}$	$y_{max}=\dfrac{F_P l^3}{48EI}$	$y=\dfrac{F_P x}{48EI}(3l^2-4x^2),\quad 0\leqslant x\leqslant \dfrac{l}{2}$

续表

支承和荷载情况	梁端转角	最大挠度	挠曲线方程式
	$\varphi_A = -\varphi_B = \dfrac{ql^2}{24EI}$	$y_{max} = \dfrac{5ql^4}{384EI}$	$y = \dfrac{qx}{24EI}(l^2 - 2lx^2 + x^3)$
	$\varphi_A = \dfrac{F_P ab(l+b)}{6lEI}$ $\varphi_B = \dfrac{-F_P ab(l+a)}{6lEI}$	$y_{max} = \dfrac{F_P b}{9\sqrt{3}\,lEI}(l^2 - b^2)^{3/2}$ 在 $x = \dfrac{\sqrt{l^2-b^2}}{3}$ 处	$y = \dfrac{F_P bx}{6lEI}(l^2 - b^2 - x^2)x, \quad 0 \leqslant x \leqslant a$ $y = \dfrac{F_P}{EI}\left[\dfrac{b}{6l}(l^2 - b^2 - x^2)x + \dfrac{1}{6}(x-a)^3\right],$ $a \leqslant x \leqslant l$
	$\varphi_A = \dfrac{Ml}{6EI}$ $\varphi_B = -\dfrac{Ml}{3EI}$	$y_{max} = \dfrac{Ml^2}{9\sqrt{3}\,EI}$ 在 $x = \dfrac{1}{\sqrt{3}}$ 处	$y = \dfrac{Mx}{6lEI}(l^2 - x^2)$

表 4-3 中所列公式中的 E 为材料的弹性模量，其反映了材料抵抗拉伸（压缩）度变形的能力。EI 称为抗弯刚度。

4.5.2　提高梁弯曲刚度的措施

为了提高梁的刚度，在使用要求允许的情况下，可以采用以下几种措施。

1. 缩小梁的跨度或增加支座

梁的跨度对梁的变形影响最大，缩短梁的跨度是提高刚度的十分有效的措施。有时若梁的跨度无法改变，可增加梁的支座。如在均布荷载作用下的简支梁，在跨中最大挠度 $f = \dfrac{5ql^4}{384EI} = 0.013\dfrac{ql^4}{EI}$，若梁跨减小一半，则最大挠度 $f_1 = \dfrac{1}{16}f$；若在梁跨中点增加一支座，则梁的最大挠度约为 $0.000\,326\dfrac{ql^4}{EI}$，仅为不加支座时的 $\dfrac{1}{38}$，如图 4-28 所示。所以在设计中，常采用能缩短跨度的结构，或增加中间支座。此外，加强支座的约束也能提高梁的刚度。

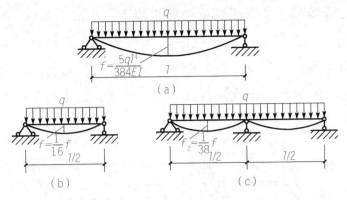

图 4-28　提高梁弯曲刚度的措施

2. 选择合理的截面形状

梁的变形与抗弯刚度 EI 成反比,增大 EI 将使梁的变形减小。为此,可采用惯性矩 I 较大的截面形状,如工字形、圆环形、框形等。为了提高梁的刚度而采用高强度钢材是不合适的,因为高强度钢的弹性模量 E 较一般钢材并无多少提高,而且会提高成本。

3. 改善荷载的作用情况

弯矩是引起变形的主要因素,变更荷载作用位置与方式,减小梁内弯矩,可达到减小变形、提高刚度的目的。如将较大的集中荷载移到靠近支座处,或把一些集中力尽量分散,甚至可改为分布荷载。

注意

梁的变形与梁的抗弯刚度 EI、梁的跨度 l、荷载形式及支座位置有关。

4.6　直梁弯曲在工程中的应用

4.6.1　提高梁抗弯强度的措施

【观察与思考】

取两张大小、厚度都相同的长条形硬纸片,如图 4-29(a)、(b)所示,一张不折叠,一张折叠成槽形,分别支承在两端固定的物体上,并在中间处小心地加上粉笔,比较它们的抗弯能力。取一根约 15 cm 左右的塑料直尺,"平放"在两端支承物体上,如图 4-29(c)所示,在直尺中间处用手指给它一个竖直向下的作用力;用拇指与食指捏住直尺中间处,"立放"在两端支承物体上，并给它一个竖直向下的作用力 F，如图 4-29(d) 所示。比较它们的抗弯能力。取两根约 15 cm 左右的相同的塑料直尺和两支相同的圆笔筒，放置如图 4-29(e) 所示，在直尺的中间处用手指给它一个竖直向下的作用力 F，观察比较下面一根直尺与图 4-29(c) 所示直尺的承受荷载的能力和弯曲变形情况。

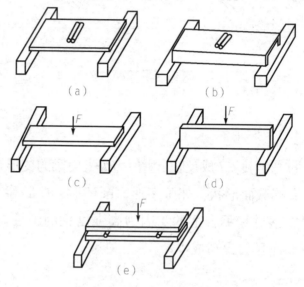

图 4-29　长条形硬纸片

从图 4-29 所示实验可知，材料和截面积都相同的构件，采用不同的横截面形状，它们的抗弯能力不同；同一构件放置方式不同，它们的抗弯能力不同；同一构件放置方式相同，改变荷载布置方式，它们在承受同样大荷载的情况下弯曲变形情况也会不同。

1. 合理分布梁上的荷载

在条件许可时，把集中荷载变成分布荷载，如图 4-30 所示，把集中荷载分散并靠近支座布置，如图 4-31 所示，改变支座位置以减小梁的跨度，如图 4-32 所示，均可降低弯矩的最大值。

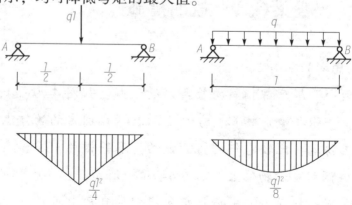

图 4-30　长条形硬纸片

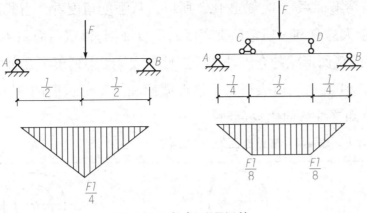

图 4-31 长条形硬纸片

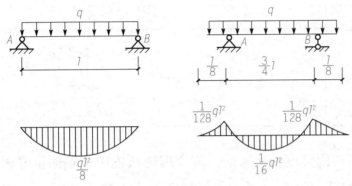

图 4-32 长条形硬纸片

2. 采用合理的截面形状

（1）从应力分布规律考虑，应使截面面积较多的部分布置在离中性轴较远的地方。以矩形截面为例，由于弯曲正应力沿梁截面高度按直线分布，截面的上、下边缘处正应力最大，在中性轴附近应力很小，所以靠近中性轴处的一部分材料未能充分发挥作用。如果将中性轴附近的部分面积移至上下边缘处的位置，这样，就形成了工字形截面，其截面面积大小不变，而更多的材料则能较好地发挥作用。所以，从应力分布情况看，如图 4-33 所示，工字形、槽形等截面形状比面积

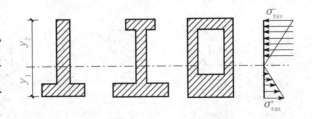

图 4-33 脆性材料的梁截面

相等的矩形截面更合理，而圆形截面又不如矩形截面。凡是中性轴附近用料较多的截面就是不合理的截面。

（2）从抗弯截面系数 W_z 考虑，应在截面面积相等的条件下，使得抗弯截面系数 W_z 尽可能地增大，由式 $M_{max} = [\sigma] W_z$ 可知，梁所能承受的最大弯

矩 M_{max} 与抗弯截面系数 W_z 成正比。所以，从强度角度看，当截面面积一定时，W_z 值愈大愈有利。通常用抗弯截面系数 W_z 与横截面面积 A 的比值 W_z/A 来衡量梁的截面形状的合理性和经济性。表 4-4 中列出了几种常见的截面形状及其 W_z/A 的值。由表可见，槽形截面和工字形截面的 $W_z/A = (0.27 \sim 0.31)h$，可知这种截面比较合理。

表 4-4　常见截面的 W_z/A 值

截面形状			
W_z/A	$0.167h$	$0.125h$	$0.205h$
截面形状			
W_z/A	$(0.27 \sim 0.31)h$		$(0.27 \sim 0.31)h$

（3）从材料的强度特性考虑，应合理地布置中性轴的位置，使截面上的最大拉应力和最大压应力同时达到材料的容许应力。对抗拉和抗压强度相等的材料，一般应采用对称于中性轴的截面形状，如矩形、工字形、槽形、圆形等。对于抗拉和抗压强度不相等的材料，一般采用非对称截面形状，使中性轴偏向强度较低的一边，如 T 字形、槽形等，如图 4-34 所示。

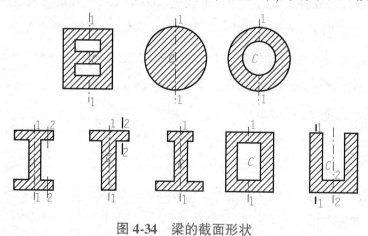

图 4-34　梁的截面形状

3. 等强度梁

一般承受横力弯曲的梁，各截面上的弯矩是随截面位置而变化的。对于等截面梁，除 M_{max} 所在截面以外，其余截面的材料都没有充分发挥作用。若将梁制成变截面梁，使各截面上的最大弯曲正应力与材料的许用应力 $[\sigma]$ 相等或接近,这种梁称为等强度梁。图4-35(a)所示的悬臂梁,图4-35(b)所示的薄腹梁,图4-35(c)所示的鱼腹式吊车梁等,都是近似地按等强度原理设计的。

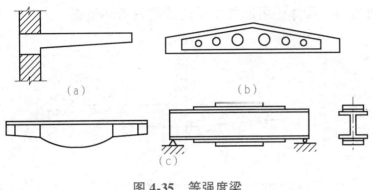

图 4-35 等强度梁

(a)悬臂梁;(b)薄腹梁;(c)鱼腹式吊车梁

4.6.2 建筑阳台挑梁受力分析

建筑施工乃至加固领域中,经常可遇到悬臂梁结构。因为悬臂梁在整个结构体系中受力的特殊性,所以一旦出现质量问题,对整幢建筑物将构成极大的威胁。由于悬臂结构处于室外,常常受到雨水、二氧化碳等的直接侵蚀,且因为使用原因,荷载也存在一定的不确定性,所以一旦出现裂缝,将极有可能进一步扩大,严重时将危及建筑物的安全。

下面以建筑阳台挑梁为例对悬臂梁进行受力分析,如图4-36所示。

绘制挑梁的计算简图,如图4-37所示。根据内力分析,可知挑梁悬臂部分为负弯矩,梁的上侧受拉,在设计时,纵向受力钢筋应布置在梁的上侧。

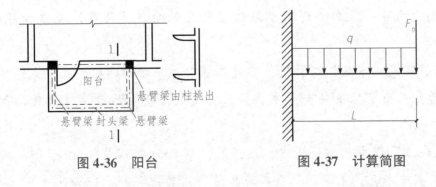

图 4-36 阳台　　　　**图 4-37 计算简图**

挑梁如图4-38所示,挑梁的嵌固部分承受着上部砌体及其传递下来的荷载作用,在下界面上存在着压应力。在外荷载 F 作用下,挑梁 A 处的上、下界面上分别产生拉、压应力。随着荷载的增大，在挑梁 A 处的上界面将出现水平裂缝，与上部砌体脱开。若继续加荷，在挑梁尾部 B 处的下表面，也将出现水平裂缝，与下部砌体脱开。若挑梁本身承载力（正、斜截面）得到保证，则挑梁在砌体中可能发生下述的两种破坏形态。

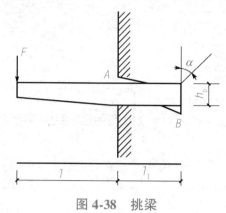

图 4-38　挑梁

（1）挑梁倾覆破坏。当挑梁埋入端砌体强度较高，而埋入段长度 l_1 较短时，就可能在挑梁尾端处角部砌体中产生阶梯形斜裂缝。当斜裂缝继续发展，如斜裂缝范围内砌体及其他上部荷载不足以抵抗挑梁的倾覆，挑梁即产生倾覆破坏。

（2）挑梁下砌体局部受压破坏。当挑梁埋入端砌体强度较低，而埋入段长度 l_1 较长时，在斜裂缝发展的同时，下界面水平裂缝也在延伸，挑梁下砌体受压区长度减小，砌体压应力增大。若压应力超过了砌体的局部抗压强度，则挑梁下的砌体将发生局部受压破坏。

知识链接

悬挑梁施工中常见问题

（1）钢筋布置不当。因为现场工人操作时容易将悬挑梁的负钢筋踩踏下去，造成梁板计算控制截面的有效高度减小；此外，还有钢筋位置配反的情况，此种情况更加危险，拆模时将可能坍塌。

（2）混凝土强度不够及尺寸不足。这种情况亦是工程中易发生的问题。混凝土强度不足意味着受压区面积增大，而受拉主筋小，主筋拉应力增大，拆模后会有较大变形及裂缝产生，从而形成安全隐患。

（3）其他原因。在施工过程中，钢筋的少配或误配，材料使用不当或失误（例如随意用光圆钢筋代替，使用劣质水泥，未经设计或验算随便套用其他混凝土配合比等），都将影响构件的质量。

某桥大修施工现场，两辆吊车正在吊装一根30多米长，重量约110 t的钢筋混凝土箱式桥梁，如图4-39(a)所示，起吊点位于靠近预制梁两端一定范围内。

分析：预制桥梁的吊装是装配式桥梁施工中的关键性工序。为了吊装方便与稳定，所以选择在桥梁的两端附近对称地绑扎起吊。桥梁在使用过程中是按受弯构件来设计的，如果使用一辆吊车采用图4-39(b)所示的方式吊起，桥梁在吊装过程中不仅会发生弯曲变形，而且会在吊索水平分力作用下产生压缩变形，该压缩变形可能导致桥梁破坏，所以在施工过程中采用两辆吊车，且在吊索垂直于桥梁的状态下实施吊装。此时桥梁的受力图如图4-39(c)所示，利用梁的内力图规律可画出桥梁的弯矩图，如图4-39(d)所示。从图4-39(d)中可看出，起吊点处承受负弯矩，距离端部越远，负弯矩越大。所以吊点位置应按设计规定作相应的设计计算，吊装时应按施工图要求在距桥梁端部一定范围内选择吊点而不能内移，以免吊点处的负弯矩产生的拉应力超过材料的许用应力而造成桥梁破坏。

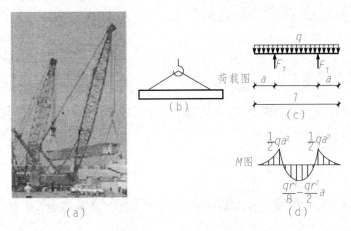

图 4-39　吊车的吊装

一、梁的弯曲变形与形式

杆件在纵向平面内受到力偶或垂直于杆轴线的横向力作用时，杆件的轴线将由直线变成曲线，这种变形称为弯曲变形。

工程中常见的简单梁的三种形式，即简支梁、悬臂梁、外伸梁。

二、梁的内力

1. 剪力与弯矩的概念

产生平面弯曲的梁在其横截面上有两个内力：其一是与横截面相切的内力 F_Q，称为剪力；其二是在纵向对称平面内的内力偶，其力偶矩为 M，称为弯矩。

三、梁的内力图

为了形象地表明沿梁轴线各横截面上剪力和弯矩的变化情况，通常将剪力和弯矩在全梁范围内变化的规律用图形来表示，这种图形称为剪力图和弯矩图，即梁的内力图。

四、梁的正应力及其强度条件

1. 梁的正应力分布规律

梁的正应力分布规律是：梁的正应力沿截面高度成线性分布（"K"形分布），中性轴处正应力为零，上、下边缘处正应力最大。

2. 梁的正应力强度条件

为了保证梁具有足够的强度，必须使梁危险截面上的最大正应力不超过材料的许用应力，即

$$\sigma_{max} = \frac{M_{max}}{W_z} \leqslant [\sigma]$$

上式为梁的正应力强度条件。

根据强度条件可解决工程中有关强度方面的三类问题，即强度校核、设计截面、确定许用荷载。

五、梁的形式

1. 梁的挠曲线

弯曲变形时，梁的各个横截面在空间的位置也随之发生了改变，即产生了位移。力学中

把梁的这种位移称为弯曲变形或梁的变形。弯曲后的梁轴线称为梁的挠曲线。

2. 提高梁弯曲刚度的措施

（1）缩小梁的跨度或增加支座。

（2）选择合理的截面形状。

（3）改善荷载的作用情况。

问题探讨

1. 我们把以弯曲变形为主的杆件称为_____。

2. 一端为固定铰支座，另一端为可动铰支座的梁，称为_____。

3. 从上部各层纤维缩短到下部各层纤维伸长的连续变化中，必有一层纤维既不缩短也不伸长，这层纤维称为_____。

4. 工程中常见的简单梁有哪几种形式？

5. 剪力和弯矩的正负号是怎样规定的？

6. 什么是剪力图和弯矩图？

7. 梁内力图有哪些规律？

8. 梁的正应力分布规律有哪些？

9. 提高梁弯曲刚度有哪些措施？

技能训练

1. 如图 4-40 所示，求简支梁 C 截面处的内力。

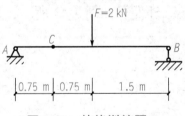

图 4-40 技能训练题 1

2. 如图 4-41 所示，求悬臂梁 A、B、C 截面上的内力。

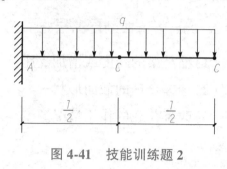

图 4-41　技能训练题 2

3. 简支梁如图 4-42 所示，$F_1 = F_2 = 25$ kN，求 C 截面的剪力和弯矩。

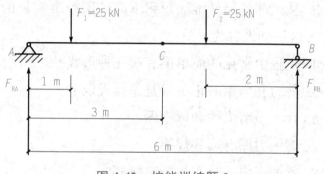

图 4-42　技能训练题 3

4. 外伸梁如图 4-43 所示，$F = 2$ kN，$q = 1$ kN/m，$M_B = 1$ kN·m，求截面 C 的剪力和弯矩。

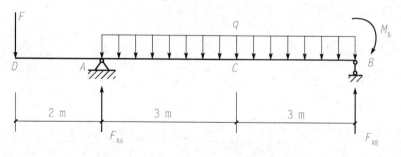

图 4-43　技能训练题 4

5. 简支梁如图 4-44 所示，$F=8$ kN，$q=12$ kN/m，求 C、D 截面上的剪力和弯矩。

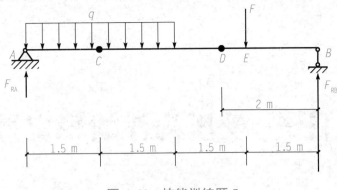

图 4-44　技能训练题 5

6. 悬臂梁如图 4-45 所示，试画出该梁的剪力图和弯矩图。

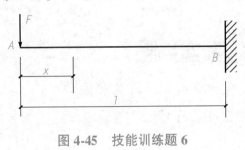

图 4-45　技能训练题 6

7. 简支梁如图 4-46 所示，试画出梁的剪力图和弯矩图。

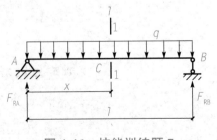

图 4-46　技能训练题 7

项目 5　受压构件的稳定性

![基础知识]

受压构件的失稳、平衡状态的三种情况，临界力及计算公式。

![岗位技能]

能够认知到压杆失稳的危害性，能够分析影响压杆构件稳定性的因素，掌握提高压杆稳定性的措施及解决相关稳定性问题。

5.1　受压构件平衡状态的稳定性

5.1.1　失稳的概念

【观察与思考】

一根截面为 30 mm×10 mm 的矩形截面杆，如图 5-1 所示。设材料的抗压强度 $\sigma_c = 20$ MPa，当杆很短[图 5-1(a)]时，将杆压坏所需的压力为 $F_p = \sigma_c A = 6\,000$ N，但杆长为 1 m 时[图 5-1(b)]，则不到 40 N 的压力就会使压杆突然产生弯曲变形而失去工作能力。这是为什么？

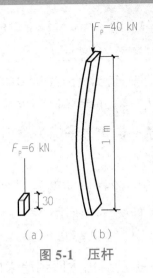

图 5-1　压杆

细长压杆丧失工作能力是由于其不能维持原有直杆的平衡状态所致，这种现象称为丧失稳定，简称失稳。由此可见，材料及横截面均相同的压杆，由于长度不同，其抵抗外力的能力将发生根本改变：短粗压杆的破坏取决于强度；细长压杆的破坏是由于失稳。上述还表明，细长压杆的承载能力远低于短粗压杆。因此，对压杆还需研究其稳定性。

【交流与讨论】

工程中的模板支承，失稳破坏与强度破坏有什么区别？

5.1.2　受压杆件平衡状态分析

【观察与思考】

如图 5-2 所示，球受力后会产生什么现象？

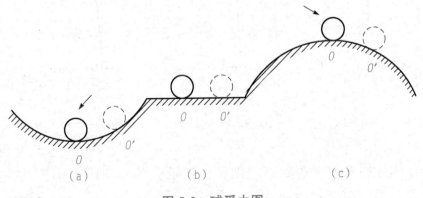

图 5-2　球受力图

圆球在图 5-2 所示的三种情况下都在 O 点处于平衡状态，显然三种平衡状态是不同的，图 5-2(a)中的圆球，无论用什么方式干扰使它稍微离开平衡位置，只要干扰消除，它就回到原平衡位置，这表明圆球原来的平衡位置是稳定的，称为稳定平衡。图 5-2(c)中的圆球正相反，它经不起任何扰动，微小的干扰会使它离开平衡位置越来越远，这表明圆球原来的平衡位置是不稳定的，称为不稳定平衡。图 5-2(b)中的圆球所处的平衡状态则处于稳定平衡和不稳定平衡的过渡状态，任一微小的扰动后的位置 O' 都是它的新平衡位置，因而圆球原平衡状态可称为临界平衡状态，也称随遇平衡。随遇平衡也属于不稳定平衡。

理想压杆，特别是细长的压杆，在两端受到轴向压力作用时，其平衡状态也可以分为三种类型，如图 5-3 所示。第一种情况是在压杆所受的压力 F_P 不大时，如果给压杆施加一微小的横向干扰，使其稍微离开轴线位置，在干扰撤去后，杆经若干次振动后仍然回到原来的直线形状的平衡状态[图 5-3(a)]，我们把压杆原有直线形状的平衡状态称为稳定的平衡状态。第二种情况是增大压力 F_P 至某一极限值 F_{cr} 时，如果再给压杆施加一微小的横向干扰，使轴线微弯，干扰力撤去后杆不再恢复到原来状态的平衡状态，而是仍处于微弯状态的平衡状态[图 5-3(b)]，受干扰前杆的直线状态的平衡状态即为临界平衡状态。压力 F_{cr} 称为临界力。临界平衡状态实质上是一种不稳定的平衡状态，因为此时杆一经干扰后就不能维持原有直线形状的平衡状态了。第三种情况是压力 F_P 超过某一极限值 F_{cr} 时，杆的弯曲变形将急剧增大，甚至最后造成弯折破坏，如图 5-3(c)所示。

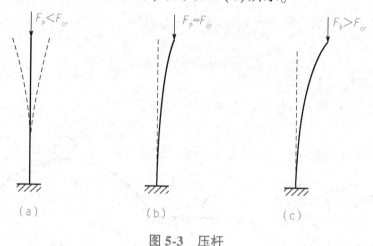

图 5-3 压杆

⚠ 提示

受轴向压力作用且轴线为直线的杆件称为压杆。

受压构件的三种平衡状态：细长压杆承受的轴向压力小于某一界限值时，压杆处于稳定的平衡状态；当轴向压力大于该界限值时，压杆处于不稳定的平衡状态；当轴向压力等于该界限值时，压杆处于临界平衡状态，这一界限压力值称为临界力。

临界力是判别压杆是否失稳的重要指标。当 $F_P < F_{cr}$ 时，平衡是稳定的；当 $F_P > F_{cr}$ 时，平衡则是不稳定的。在材料、尺寸、约束均确定的前提下，

压杆的临界力 F_{cr} 是个确定值。不同的压杆，其临界力也不同。因此计算压杆的临界力 F_{cr}，是压杆稳定分析的重要内容。

5.2 受压构件稳定性计算

* 5.2.1 受压杆件临界力计算公式

1. 欧拉公式

当轴向力 F_P 达到临界力 F_{cr} 时，压杆既可保持直线形式的平衡，又可保持微弯状态的平衡。现令压杆处于临界状态，并具有微弯的平衡形式，根据弯曲变形理论可推证其所能承受的临界力为

$$F_{cr} = \frac{\pi^2 EI}{(\mu l)^2} \tag{5-1}$$

上式称为欧拉公式。式中，μ 为长度系数，反映了约束情况对临界力的影响(表5-1)；l 为压杆的长度；μl 为计算长度或相当长度；I 为横截面对形心轴的惯性矩，当压杆端部各个方向的支承相同(比如球铰)时，压杆将在 EI 值较小的平面内失稳。所以惯性矩 I 应为压杆横截面的最小形心惯性矩 I_{min}。

表5-1 各种支承情况下等截面细长杆的临界力公式表

杆端约束情况	两端铰支	一端固定 一端自由	一端固定 一端铰支	两端固定
挠曲线形状				
临界应力公式	$F_{cr} = \dfrac{\pi^2 EI}{l^2}$	$F_{cr} = \dfrac{\pi^2 EI}{(2l)^2}$	$F_{cr} = \dfrac{\pi^2 EI}{(0.7l)^2}$	$F_{cr} = \dfrac{\pi^2 EI}{(0.5l)^2}$
长度系数 μ	1.0	2.0	0.7	0.5

【例5-1】 如图5-4所示，一端固定、另一端自由的细长压杆，其杆长 $l = 2$ m，截面形状为矩形，$b = 20$ mm、$h = 45$ mm，材料的弹性模量 $E = 200$ GPa。试计算该压杆的临界力。若把截面改为 $b = a = 30$ mm，而保持长度不变，则该压杆的临界力又为多大？

图5-4 例5-1图

解：（1）计算截面的惯性矩。由前述可知，该压杆必在弯曲刚度最小的 xy 平面内失稳，故式（5-1）的惯性矩应以最小惯性矩代入，即

$$I_{min} = I_y = \frac{hb^3}{12} = \frac{45 \times 20^3}{12} = 3 \times 10^4 (\text{mm}^4)$$

（2）计算临界力。查表5-1得 $\mu = 2$，因此临界力为

$$F_{cr} = \frac{\pi^2 EI}{(\mu l)^2} = \frac{\pi^2 \times 200 \times 10^3 \times 3 \times 10^4}{(2 \times 2 \times 10^3)^2} = 3\,700 (\text{N}) = 3.70 (\text{kN})$$

（3）当截面改为 $b = h = 30$ mm，时压杆的惯性矩为

$$I_y = I_z = \frac{bh^3}{12} = \frac{30^4}{12} = 6.75 \times 10^4 (\text{mm}^4)$$

代入欧拉公式，可得

$$F_{cr} = \frac{\pi^2 EI}{(\mu l)^2} = \frac{\pi^2 \times 200 \times 10^3 \times 6.75 \times 10^4}{(2 \times 2 \times 10^3)^2} = 8\,319 (\text{N}) = 8.32 (\text{kN})$$

从以上两种情况分析，其横截面面积相等，支承条件也相同，但是计算得到的临界力后者大于前者。可见在材料用量相同的条件下，选择恰当的截面形式可以提高细长压杆的临界力。

知识链接

计算临界力注意事项

（1）计算临界力时，应取最小截面惯性矩，因为临界力越小，压杆越容易失稳。

（2）截面的面积分布离坐标轴越远，截面惯性矩越大，反之越小。

2. 欧拉公式的适用范围

（1）临界应力和柔度。前面导出了计算压杆临界力的欧拉公式，当压杆在临界力 F_{cr} 作用下处于直线状态的平衡时，其横截面上的压应力等于临界力 F_{cr} 除以横截面面积 A，称为临界应力，用 σ_{cr} 表示，即

$$\sigma_{cr} = \frac{F_{cr}}{A} \tag{5-2}$$

将式(5-1)代入上式，得

$$\sigma_{cr} = \frac{\pi^2 EI}{(\mu l)^2 A}$$

令

$$i = \sqrt{\frac{I}{A}}$$

式中 i 为压杆横截面的惯性半径。

于是临界应力可写为

$$\sigma_{cr} = \frac{\pi^2 EI \cdot i^2}{(\mu l)^2} = \frac{\pi^2 E}{\left(\dfrac{\mu l}{i}\right)^2}$$

令 $\lambda = \dfrac{\mu l}{i}$，则

$$\sigma_{cr} = \frac{\pi^2 E}{\lambda^2} \tag{5-3}$$

式(5-3)为计算压杆临界应力的欧拉公式，式中 λ 称为压杆的柔度(或称长细比)。柔度 λ 是一个无量纲的量，其大小与压杆的长度系数 μ、杆长 l 及惯性半径 i 有关。由于压杆的长度系数 μ 决定于压杆的支承情况，惯性半径 i 决定于截面的形状与尺寸，因此，从物理意义上看，柔度 λ 综合地反映了压杆的长度、截面的形状与尺寸以及支承情况对临界力的影响。从式(5-3)还可以看出，如果压杆的柔度值越大，则其临界应力越小，压杆就越容易失稳。

(2)欧拉公式的适用范围。欧拉公式是根据挠曲线近似微分方程导出的，而应用此微分方程时，材料必须服从虎克定理。因此，欧拉公式的适用范围应当是压杆的临界应力 σ_{cr} 不超过材料的比例极限 σ_P，即

$$\sigma_{cr} = \frac{\pi^2 E}{\lambda^2} \leqslant \sigma_P$$

有

$$\lambda \geqslant \pi \sqrt{\frac{E}{\sigma_P}}$$

若设 λ_P 为压杆的临界应力达到材料的比例极限 σ_P 时的柔度值，则

$$\lambda_P \geqslant \pi \sqrt{\frac{E}{\sigma_P}} \tag{5-4}$$

故欧拉公式的适用范围为

$$\lambda \geqslant \lambda_{\mathrm{P}} \tag{5-5}$$

上式表明，当压杆的柔度不小于 λ_{P} 时，才可以应用欧拉公式计算临界力或临界应力。这类压杆称为大柔度杆或细长杆，欧拉公式只适用于大柔度杆。从式(5-4)可知，λ_{P} 的值取决于材料性质，不同的材料有不同的 E 值和 σ_{P} 值，因此，不同材料制成的压杆，其 λ_{P} 也不同。例如 Q235 钢，$\sigma_{\mathrm{P}}=200\ \mathrm{MPa}$，$E=200\ \mathrm{GPa}$，由式(5-4)即可求得，$\lambda_{\mathrm{P}}=100$。

【交流与讨论】

以前未经改良的玉米都是长杆玉米，现在种植的都是矮杆玉米，这是为什么？

[*]5.2.2 压杆的稳定计算

当压杆中的应力达到其临界应力时，压杆将要失稳。因此，正常工作的压杆，其横截面上的应力应小于临界应力。在工程中，为了保证压杆具有足够的稳定性，这就要求压杆横截面上的应力不能超过压杆的稳定容许应力 $[\sigma_{\mathrm{cr}}]$，即

$$\sigma = \frac{F_{\mathrm{N}}}{A} \leqslant [\sigma_{\mathrm{cr}}] \tag{5-5}$$

式(5-5)为压杆需满足的稳定条件。因为临界应力 σ_{cr} 总是随柔度 λ 的改变而改变，所以在对压杆进行稳定计算时，通常将稳定容许应力表达为强度计算时的容许应力乘以一个随柔度而变化的系数 φ，φ 称为稳定系数。φ 值仅取决于柔度 λ 且小于 1。于是压杆的稳定条件可写为

$$\sigma = \frac{F_{\mathrm{N}}}{A} \leqslant \varphi[\sigma] \tag{5-6}$$

或

$$\frac{F_{\mathrm{N}}}{\varphi A} \leqslant [\sigma] \tag{5-7}$$

式中 A 为横截面的毛面积。

《钢结构设计规范》(GB 50017—2003)根据工程中常用构件的截面形式、尺寸和加工条件等因素，把截面归并为 a、b、c、d 四类，根据材料分别给出各类截面在不同柔度下的 φ 值，以供压杆设计时参考用。

对于木制压杆的稳定系数 φ 值，根据《木结构设计规范》(GB 50005—2003)，按树种的强度等级分别给出了两组计算公式。

树种强度等级为 TC17、TC15 及 TB20：

当 $\lambda \leqslant 75$ 时

$$\varphi = \cfrac{1}{1+\left(\cfrac{\lambda}{80}\right)^2}$$

当 $\lambda > 75$ 时

$$\varphi = \cfrac{3\ 000}{\lambda^2}$$

树种强度等级为 TC13、TC11 及 TB17、TB15、TB13、TB11:

当 $\lambda \leqslant 91$ 时

$$\varphi = \cfrac{1}{1+\left(\cfrac{\lambda}{65}\right)^2}$$

当 $\lambda > 91$ 时

$$\varphi = \cfrac{2\ 800}{\lambda^2}$$

与强度计算类似,利用稳定条件式(5-6),可以计算或校核压杆的稳定性、确定压杆的横截面面积以及确定压杆的容许压力等。

⚠️ **提示**

因为压杆的稳定性取决于整个杆的抗弯刚度,截面的局部削弱对整体刚度的影响甚微,因而不考虑面积的局部削弱,但需对削弱处进行强度验算。

【**例 5-2**】　如图 5-5 所示为两端铰支(球形铰)的矩形截面木杆,杆端作用轴向压力 F_p。已知 $l = 3.6$ m,$F_p = 40$ kN,木材的强度等级为 TC13,容许应力 $[\sigma] = 10$ MPa,试校核该压杆的稳定性。

解: 矩形截面的惯性半径

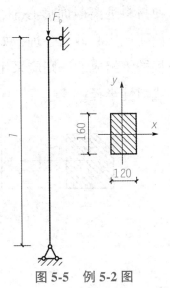

图 5-5　例 5-2 图

$$i = \sqrt{\cfrac{I_y}{A}} = \sqrt{\cfrac{\cfrac{hb^3}{12}}{bh}} = \cfrac{b}{\sqrt{12}} = \cfrac{120}{\sqrt{12}} = 34.64(\text{mm})$$

两端铰支时长度系数 $\mu = 1$,所以

$$\lambda = \cfrac{\mu l}{i} = \cfrac{1 \times 3.6}{34.64 \times 10^{-3}} = 104$$

因为 $\lambda > 91$,所以

$$\varphi = \cfrac{2\ 800}{\lambda^2} = \cfrac{2\ 800}{104^2} = 0.259$$

$$\cfrac{F_N}{\varphi A} = \cfrac{F_P}{\varphi A} = \cfrac{40 \times 10^3}{0.259 \times 120 \times 160} = 8(\text{MPa}) < [\sigma]$$

所以该压杆满足稳定条件。

5.2.3 提高压杆稳定性的措施

受压构件的材料、长度、截面的形状以及构件的支承情况都会影响其稳定性。

1. 减小压杆的长度

压杆的临界力与杆长的平方成反比，所以减小压杆长度是提高压杆稳定性的有效措施之一。因此，在条件许可的情况下，应尽可能使压杆中间增加支承。

2. 改善杆端支承

改善杆端支承，可减小长度系数 μ，从而使临界应力增大，即提高了压杆的稳定性。

3. 选择合理的截面形状

增大截面的惯性矩，可以增大截面的惯性半径，降低压杆的柔度，从而可以提高压杆的稳定性。在压杆的横截面面积相同的条件下，应尽可能使材料远离截面形心轴，以取得较大的惯性矩，从这个角度出发，空心截面要比实心截面合理，如图 5-6 所示。在工程实际中，若压杆的截面是用两根槽钢组成的，则应采用如图 5-7 所示的布置方式，可以取得较大的惯性矩或惯性半径。

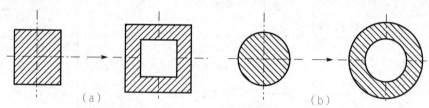

(a)   (b)

图 5-6 空心截面与实心截面合理性比较

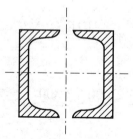

图 5-7 槽钢布置形式

⚠ **提示**

由于压杆总是在柔度较大(临界力较小)的纵向平面内首先失稳，因此，应注意尽可能使压杆在各个纵向平面内的柔度都相同，以充分发挥压杆的稳定承载力。

4. 选择适当的材料

在其他条件相同的情况下，可以选择弹性模量 E 值高的材料来提高压杆的稳定性。但是，细长压杆的临界力与强度指标无关，普通碳素钢与合金钢的 E 值相差不大，因此，采用高强度合金钢不能提高压杆的稳定性。

5. 改善结构受力情况

在可能的条件下，也可以从结构形式方面采取措施，改压杆为拉杆，从而避免失稳问题的出现，如图 5-8 所示的结构，斜杆从受压杆变为受拉杆。

⚠ **提示**

压杆临界力的大小反映了压杆稳定性的高低。要提高压杆的稳定性，就要提高压杆的临界力。

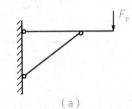 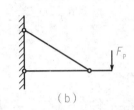

（a）　　　　　（b）

图 5-8　三角支架

 知识要点

一、受压构件平衡状态的稳定性

1. 失稳

细长压杆丧失工作能力是由于其压杆不能维持原有直杆的平衡状态所致，这种现象称为丧失稳定，简称失稳。

2. 受压构件的三种平衡状态

受压构件的三种平衡状态：细长压杆承受的轴向压力小于某一界限值时，压杆处于稳定的平衡状态；当轴向压力大于该界限值时，压杆处于不稳定的平衡状态；当轴向压力等于该界限值时，压杆处于临界平衡状态，这一界限压力值称为临界力。

二、受压杆稳定性计算

1. 影响其稳定性影响其稳定性

受压构件的材料、长度、截面的形状以及构件的支承情况都会影响其稳定性。

在工程中，为了保证压杆具有足够的稳定性，这就要求压杆横截面上的应力不能超过压杆的稳定容许应力$[\sigma_{cr}]$，即

$$\sigma = \frac{F_N}{A} \leq [\sigma_{cr}]$$

上式为压杆需满足的稳定条件。因为临界应力σ_{cr}总是随柔度λ的改变而改变，所以在对压杆进行稳定计算时，通常将稳定容许应力表达为强度计算时的容许应力乘以一个随柔度而变化的系数φ，φ称为稳定系数。φ值仅取决于柔度λ且小于1。于是压杆的稳定条件可写为

$$\sigma = \frac{F_N}{A} \leq \varphi[\sigma]$$

2. 提高压杆稳定性的措施

压杆临界力的大小反映了压杆稳定性的高低。要提高压杆的稳定性，就要提高压杆的临界力。

(1) 减小压杆的长度。

(2) 改善杆端支承。

(3) 选择合理的截面形状。

(4) 选择适当的材料。

(5) 改善结构受力情况。

问题探讨

1. 材料及横截面均相同的压杆，由于_____不同，其抵抗外力的能力将发生根本改变：短粗压杆的破坏取决于_____；细长压杆的破坏是由于_____。

2. 受轴向压力作用且轴线为直线的杆件称为_____。

3. 在材料用量相同的条件下，选择恰当的截面形式可以提高细长压杆的_____。

4. 什么是失稳？

5. 受压构件有哪些平衡状态？

6. 欧拉公式的适用范围是怎样的？

7. 提高压杆稳定性的措施有哪些？

1. 如图 5-9 所示，两根截面尺寸为宽 3 cm、厚 0.5 cm 的矩形截面木杆，材料的 $[\sigma]$ = 40 MPa，两杆长分别为 3 cm 和 100 cm，试确定两杆能够承受的轴向压力。

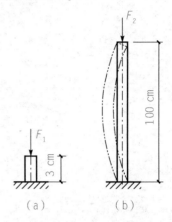

图 5-9　技能训练题 1 图

2. 一根两端铰支的轴向压杆，杆长 l = 3 m，采用 20a 工字钢，钢的弹性模量 E = 200 GPa，工字钢截面的形心主惯矩 I_z = 2 370 cm^4、I_y = 158 cm^4。已知 $I = I_{min}$ = 158 cm^4。试计算此轴向压杆的欧拉临界力。

3. 已知木柱实际高度为 6 m，圆形截面 $d = 200$ mm，两端铰支。承受轴向压力 $F = 50$ kN，木材的许用应力 $[\sigma] = 10$ MPa。试校核此木柱的稳定性。

4. 有一圆木柱，实际长度 $l = 2$ m，柱直径 $d = 100$ mm，此木柱一端固定一端铰支，木材的许用应力 $[\sigma] = 10$ MPa，试确定此木柱所能承受的轴向压力 F。

项目 6　工程中常见结构简介

基础知识

几何组成分析，常见静定结构和超静定结构的内力分析。

岗位技能

认知土木工程中能够采用哪种几何不变体，能够将静定结构和超静定结构正确地应用到实际工程中去，能够从内力比较中认识到超静定结构相对于静定结构的优越性。

6.1　平面结构的几何组成分析

6.1.1　几何组成分析的概念

【观察与思考】

建筑结构通常是由若干杆件组成的，但是不是随意用一些杆件就能组成建筑结构呢？思考图 6-1 所示杆件是否能组成建筑结构。

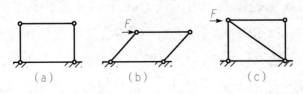

(a)　　　　(b)　　　　(c)

图 6-1　杆件组成

图 6-1(a)所示为铰接四边形,不费多少力就可将其变成平行四边形[图 6-1(b)],这种铰接四边形不能承受任何荷载的作用,当然不能作为建筑结构使用。如果在铰接四边形中加上一根斜杆[图 6-1(c)],那么在外力作用下其几何形状就不会改变了。

1. 几何不变体系

在任意荷载作用下,其几何形状和位置都保持不变的体系称为几何不变体系。如图 6-2(a)所示由两根杆件与地基组成的平面杆件体系,在受到任意荷载作用时,若不考虑材料的变形,则其几何形状与位置均能保持不变。

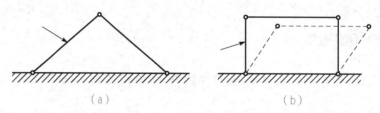

图 6-2 平面杆件体系

(a)几何不变体系;(b)几何可变体系

2. 几何可变体系

在任意荷载作用下,其几何形状和位置发生改变的体系称为几何可变体系。如图 6-2(b)所示的平面杆件体系,即使不考虑材料的变形,在很小的荷载作用下,也会发生机械运动,而不能保持原有的几何形状和位置。

3. 几何组成分析

在结构设计和选取其几何模型时,首先必须判别它是否为几何不变,从而决定能否采用。工程中,将这一过程称为结构的几何组成分析。

⚠ 提示

工程结构在使用过程中应使自身的几何形状和位置保持不变,因而必须是几何不变体系。

4. 瞬变体系

如图 6-3(a)所示的体系,由于铰 C 位于以 A 点为圆心,以 AC 为半径,及以 B 点为圆心,以 BC 为半径的两圆弧的公切线上,所以 C 点可以在此公切线上做微小的运动。但当产生了一微小运动后,A、B、C 三点不再共线,如图 6-3(b)所示。此时,再分别以 A、B 为圆心,以 AC、BC 为半径作两个圆，已无公切线存在，C 点已不可能再发生运动，这时体系变成了几何不变的。该体系原本是几何可变，经过微小位移后变成几何不变，故体系成为瞬变体系。

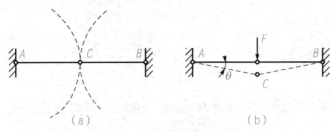

图 6-3 瞬变体系

另外，瞬变体系除上述所介绍的情形外，还有其他两种情况，分别如图 6-4(a)、(b) 所示。

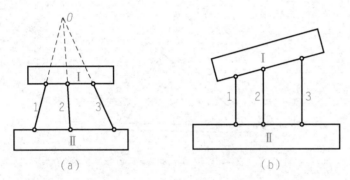

图 6-4 瞬变体系的其他情况

图 6-4(a) 所示，三根链杆的延长线交于一点 O，这样两刚片可以绕 O 做微小的相对运动。经过微小转动后，三根链杆的延长线不再交于一点，体系成为几何不变的。因此，该体系是瞬变体系。

图 6-4(b) 所示，连接刚片Ⅰ与刚片Ⅱ的三根链杆互相平行，但不等长。当刚片Ⅰ上三个被约束点在三链杆的垂直方向产生一个微小位移后，由于三链杆不等长，各链杆的转角也不全相等，使三根链杆不再互相平行，体系就成为几何不变的，因此图 6-4(b) 所示体系也为瞬变体系。

 提示

工程中，瞬变体系不能作为结构使用。

6.1.2 几何不变体组成规则

【观察与思考】

如图 6-5 所示为铰接三角形 ABC，属于什么体系？

图 6-5 所示的铰接三角形是几何不变体系。如果将图 6-5 所示铰接三角形 ABC 中的铰 A 拆开：杆 AB 可绕点 B 转动，杆 AB 上点 A 的轨迹是弧线①；杆 AC 可绕点 C 转动，杆 AC 上点 A 的轨迹是弧线②。这两个弧线只有一个交点，所以点 A 的位置是唯一的，三角形 ABC 的位置是不可改变的。

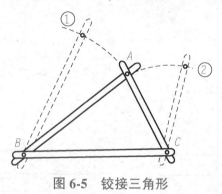

图 6-5 铰接三角形

平面杆系几何稳定性的总原则有两个：一是刚片本身是几何不变的；二是由刚片所组成的铰接三角形是几何不变的（即三角形的稳定性）。以此为基础，可得到如下的三个规则：

1. 二元体规则

在一个已知体系上增加或者撤去二元体，不影响原体系的几何不变性。

所谓二元体是指由两根不在同一直线上的链杆构成一个铰接点的装置，如图 6-6 所示 ABC 部分。

利用二元体规则可以使某些体系的几何组成分析得到简化，也可以直接对某些体系进行几何组成分析。

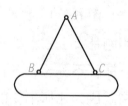

图 6-6 二元体

2. 三刚片规则

三个刚片用不在同一条直线上的三个单铰两两相连，组成的体系为几何不变体系，并且没有多余约束。

这里两两相连的单铰既可以是实铰也可以是虚铰（瞬铰），如图 6-7 所示。

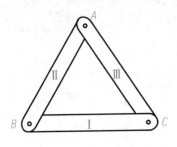
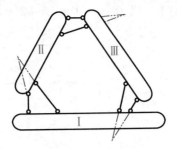

图 6-7　三刚片规则

在本规则中，要求相连三个刚片的三个单铰不能在同一条直线上，其实质是三角形的稳定性。如果三个单铰在同一条直线上，体系将成瞬变体系。

3. 两刚片规则

两个刚片用一个铰和一根延长线不通过此铰的链杆相连，则所得到的体系是几何不变体系，并且没有多余约束。

本规则的示意图如图 6-8(a)所示。若把杆件 AC 看成是刚片，显然就是三刚片规则的示意图，然而，有时用"两刚片规则"来分析问题更方便些，故也将它列为单独的一条规则。

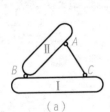
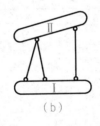

（a）　　　　　　（b）　　　　　　（c）

图 6-8　两刚片规则

因一个单铰相当于两个链杆，图 6-8(a)又可以变成图 6-8(b)、(c)所示的体系。因此，两刚片原则还可以描述为：两个刚片用三根不完全平行也不汇交于一点的链杆相连，则所构成的体系是几何不变体系，并且没有多余约束。

⚠ 提示

在上述两刚片规则的描述中，也都有附加前提条件："两个刚片用一个铰和一根延长线不通过此铰的链杆相连"或"两个刚片用三根不完全平行也不汇交于一点的链杆相连"，这是因为如前所述如果这些条件不能满足，则体系将是常变体系或者是瞬变体系。

【例6-1】 试对图6-9所示的体系进行几何组成分析。

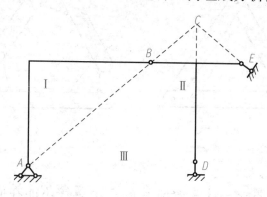

图6-9 例6-1图

解：将 AB、BED 和基础分别作为刚片Ⅰ、刚片Ⅱ、刚片Ⅲ。刚片Ⅰ和钢片Ⅱ用单铰 B 相连；刚片Ⅰ和钢片Ⅲ用铰 A 相连；刚片Ⅱ和钢片Ⅲ用虚铰 C（D 和 E 两处支座链杆的交点）相连。因 A、B、C 三铰在同一直线上，故该体系为瞬变体系。

【例6-2】 试对图6-10(a)所示的体系进行几何组成分析。

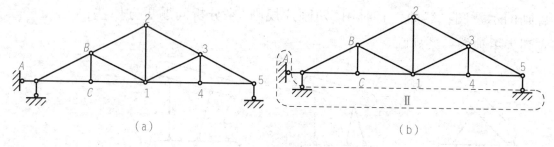

（a） （b）

图6-10 例6-2图

解：根据三角形的稳定性可知，铰接三角形 ABC 是几何不变的，以铰接三角形 ABC 为基础，连续增加二元体 B—C—1、B—1—2、1—2—3、1—3—4、3—4—5。根据二元体规则可知，上部组成无多余约束的几何不变体系，将上部几何不变体系看作一个大的刚片Ⅰ，基础看作刚片Ⅱ［图6-10(b)］，则根据两刚片规则可知，整个体系组成无多余约束的几何不变体系。

【例6-3】 试对图6-11所示的体系进行几何组成分析。

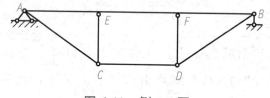

图6-11 例6-3图

解：杆 AB 与基础通过三根不完全平行也不汇交于一点的链杆相连（或者说杆 AB 与基础通过铰 A 和延长线不通过铰 A 的链杆相连），组成几何不变体系，再增加 A—C—E 和 B—D—F 两个二元体，组成了一个更大的几何不变体系。在此基础上，又增加了一根链杆 CD，故此体系为具有一个多余约束的几何不变体系。

【例 6-4】 试对图 6-12(a)所示的体系进行几何组成分析。

解：(1)首先，把地基及位于 A 处的小二元体(即固定铰支座)视为刚片Ⅰ，把铰接三角形 BCE 视为刚片Ⅱ，再把杆件 DF 视为刚片Ⅲ，如图 6-12(b)所示。

(2)刚片Ⅱ通过链杆①和链杆 AB(形成虚铰，位于 C 处)与刚片Ⅰ相连接；刚片Ⅲ通过链杆②和链杆 AD(形成虚铰，位于 F 处)与刚片Ⅰ相连接；刚片Ⅱ由链杆 DB 和链杆 FE(形成虚铰，位于 G 处)与刚片Ⅲ相连接。由于连接三刚片的三个单铰位于同一直线上，因此，图 6-12(a)所示的体系为瞬变体系。

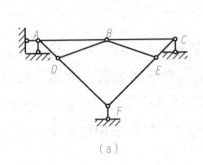
(a)

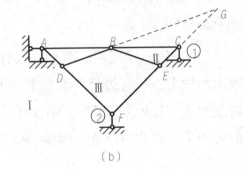
(b)

图 6-12 例 6-4 图

6.1.3 几何组成体的约束

约束又称联系，它是体系中构件之间或者体系与基础之间的连接装置。约束使构件(刚片)之间的相对运动受到限制，因此约束的存在将会使体系的自由度减少。一种约束装置的约束数等于它使体系减少的自由度数。常见的约束类型有链杆、铰、刚性连接。

1. 链杆

链杆是两端用铰与其他两个物体相连接的刚性杆件。如图 6-13 所示的刚片与地基用一个链杆连接之前其自由度是 3，连接之后其位置由图中的两个独立坐标 α、β 就可以确定，即减少了一个自由度。

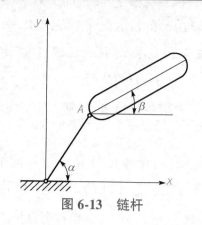

图 6-13 链杆

因此，一个链杆相当于一个约束，能够减少一个自由度。

 提示

在进行几何组成分析时，链杆与形状无关，也即刚性杆既可以是直杆，也可以是曲杆。链杆只限制与其连接的刚片沿着链杆两铰连线方向上的运动。

2. 铰

（1）单铰。连接两个刚片的铰称为单铰。如图 6-14（a）所示，把基础看成为刚片 Ⅰ，其与另外一个刚片 Ⅱ 由单铰相连。在连接之前，刚片 Ⅱ 的自由度为 3，用单铰连接后，刚片 Ⅱ 只能绕 A 点转动，只需要一个独立坐标 α 即可确定刚片 Ⅱ 的位置，因此，体系的自由度是 1，与原来相比减少了两个自由度。

因此，一个单铰相当于两个约束，能减少两个自由度。

另外，一个单铰相当于两个约束，而一个链杆相当于一个约束，所以一个单铰相当于两个链杆，即如图 6-14（a）、（b）所示的两种情况是等效的。

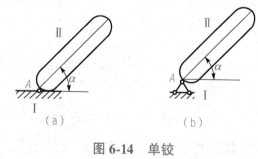

图 6-14 单铰

（2）复铰。同时连接三个或者三个以上刚片的铰称为复铰。连接 n 个刚片的复铰具有 $2(n-1)$ 个约束。

在进行几何组成分析时，会遇到同一个铰连接多个刚片的情况，如图 6-15 所示的位于 A、D、C 处的铰。复铰的作用可以通过单铰来分析。如图 6-16 所示的复铰 A 连接着三个刚片，它们的连接过程可以理解为：刚片 Ⅰ 和刚片 Ⅱ 先用一个单铰连接，然后再用单铰将它们与刚片 Ⅲ 连接。这样，连接三个刚片的复铰相当于两个单铰的作用。或者说，三个刚片原来共有 9 个自由度，由于复铰 A 起着两个单铰的作用，减少了 4 个自由度(三个刚片仅需要 x、y、α、β、φ 共 5 个独立坐标确定它们的位置)，所以，体系最后为 5 个自由度。一般地，连接 n 个刚片的复铰相当于 $(n-1)$ 个单铰，也即相当于 $2(n-1)$ 个约束。

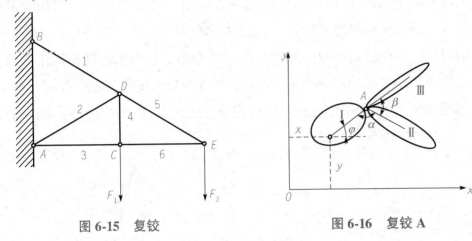

图 6-15 复铰

图 6-16 复铰 A

3. 刚性连接

刚性连接是将两个刚片以整体连接的方式进行连接，两个刚片之间不发生任何相对运动，也即构成了一个更大的刚片。

图 6-17 所示的是刚片 Ⅰ 和刚片 Ⅱ 间的刚性连接方式(可以设想两者是用钢铁做成的，现在把它们焊接在一起，即为刚性连接)。当两个刚片单独存在时(即两个刚片未连接前)，每个刚片在平面内的自由度是 3，两个刚片的自由度一共是 3+3=6；当两个刚片通过刚性连接后，刚片 Ⅰ 仍有 3 个自由度，而刚片 Ⅱ 相对于刚片 Ⅰ 是不发生任何相对运动，构成了一个大的刚片，这时它们的自由度一共是 3。因此，一个刚性连接相当于三个约束，能减少三个自由度。图 6-18 所示的固定端约束也是刚性连接。

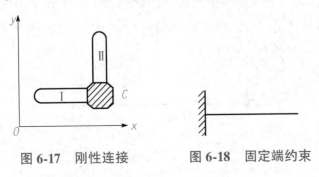

图 6-17 刚性连接   图 6-18 固定端约束

4. 必要约束与多余约束

（1）必要约束。为保持体系几何不变必须具有的约束，称为必要约束。

（2）多余约束。如果在一个体系中增加一个约束，而体系的自由度并不因此而减少，则该约束称为多余约束。

如图 6-19 所示平面内的一个动点 A，原来有两个自由度，当用不共线的链杆 AB、AC 将其与地基相连，则点 A 即被固定，体系的自由度为零。这时，链杆 AB、AC 起到了减少两个自由度的作用，故两根链杆都属于必要约束。如果再增加一根链杆 AD（图 6-20），A 点的自由度仍为零，此时链杆 AD 并没有减少体系的自由度，即它对约束 A 点的运动已经成为多余的，故称链杆 AD 为多余约束。

⚠ **提示**

实际上，体系中的三根链杆中的任何一根，都可看作是多余约束。

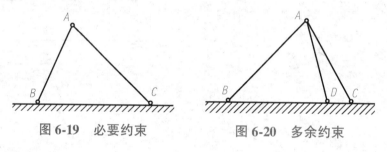

图 6-19　必要约束　　　图 6-20　多余约束

6.2　工程中常见静定结构简介

6.2.1　静定结构的概念

无多余约束的几何不变体系是静定结构。图 6-21 所示的简支梁是无多余约束的几何不变体系，其支座反力和杆件的内力均可由平衡方程全部求解出来，因此简支梁是静定结构。

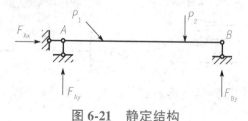

图 6-21　静定结构

⚠ **提示**

静定结构的静力特性为：在任意荷载作用下，支座反力和所有内力均可由平衡条件求出，且其值是唯一的和有限的。

6.2.2 静定梁

1. 单跨静定梁

【观察与思考】

工程中，钢筋混凝土过梁、起重机梁属于什么梁？

钢筋混凝土过梁、起重机梁属于单跨静定梁。

(1)梁内任一截面上的内力。在任意荷载作用下，平面杆件的任意截面上一般有三个内力，即轴力 N、剪力 V 和弯矩 M (图6-22)。

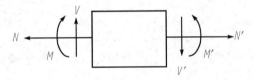

图 6-22　梁内任一截面上的内力

轴力：截面一侧所有外力沿杆轴线切线方向的投影代数和。轴力以拉力为正，压力为负。

剪力：截面一侧所有外力沿杆轴线法线方向的合力。剪力以绕隔离体顺时针转动者为正。

弯矩：截面一侧所有外力对截面形心力矩的代数和。在水平杆件中，当弯矩使杆件下部受拉时弯矩为正。

作内力图时，轴力图、剪力图要注明正负号，弯矩图规定画在杆件受拉的一侧，不用注明正负号。

对于水平放置的直梁，当所有外力垂直于梁轴线时，横截面上只有剪力、弯矩，没有轴力。

(2)叠加法作弯矩图。用叠加法作弯矩图可使弯矩图的绘制工作得到简化，这种绘制弯矩图的方法应熟练掌握。

1)叠加原理。几个力对杆件的作用效果，等于每一个力单独作用效果的总和。

如图6-23(a)所示简支梁,承受均布荷载q和力偶M_A、M_B的作用。作弯矩图时,可分别绘出两端弯矩M_A、M_B和均布荷载q作用时的弯矩图[图6-23(e)、(f)],然后将两个弯矩图相应的竖标叠加,即得总的弯矩图,如图6-23(d)所示。

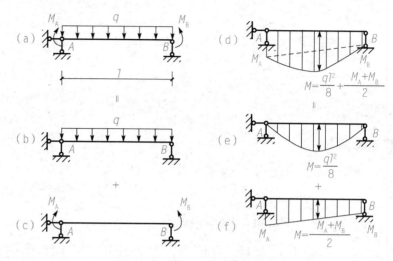

图 6-23 弯矩图的叠加原理

⚠ 提示

弯矩图的叠加,是指各个截面对应的弯矩竖标的代数和,而不是弯矩图的简单拼合,竖标应垂直于杆轴,凸向与荷载指向一致。

2)分段叠加原理。上述叠加法绘弯矩图,可以应用于结构中任意直杆段的弯矩图。

如要作图6-24(a)直杆中AB段的弯矩图,可截取AB段为隔离体,如图6-24(b)所示,隔离体上除作用有均布荷载q外,在杆端还作用有弯矩M_A、M_B和剪力V_A、V_B。将图6-24(b)和6-24(c)的简支梁比较,受力情况相同,并由平衡条件知$F_A = V_A$、$F_B = V_B$,可见两者完全相同。即AB段的弯矩图与图6-24(c)简支梁的弯矩图完全相同,这样,做任意直杆段的弯矩图的问题,就归结为相应简支梁弯矩图的问题。

由叠加法做出AB段的弯矩图,如图6-24(d)所示。

现将分段叠加法作弯矩图的步骤归纳如下:

①选择外荷载的不连续点(如集中力作用点、集中力偶作用点、分布荷载的起点和终点及支座结点等)为控制截面,求出控制截面的弯矩值。

②分段绘制弯矩图。当控制截面间无荷载时,用直线连接两控制截面

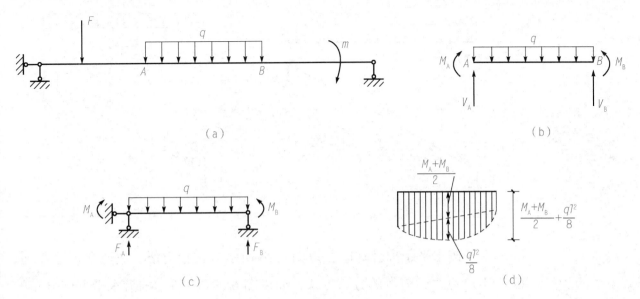

(a)

(b)

(c)

(d)

图 6-24　弯矩图分段叠加原理

的弯矩值，即得该段的弯矩图；当控制截面间有荷载时，先用虚线连接两控制截面的弯矩值，然后依此虚线为基线，再叠加这段相应简支梁的弯矩图，从而绘制出最后的弯矩图。

（3）斜梁的内力计算与内力图的绘制。

在建筑工程中，常会遇到杆轴倾斜的斜梁，如图 6-25 所示的楼梯梁等。

当斜梁承受竖向均布荷载时，按荷载分布情况的不同，可有两种表示方式。一种如图 6-26 所示，斜梁上的均布荷载 q 按照沿水平方向分布的方式表示，如楼梯受到的人群荷载的情况就是这样；另一种如图 6-27 所示，斜梁上的均布荷载 q' 按照沿杆轴线方向分布的方式表示，如楼梯梁的自重就是这种情况。

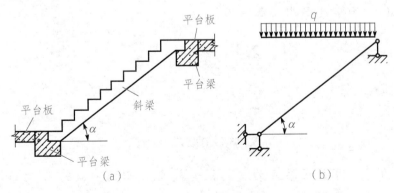

(a)

(b)

图 6-25　楼梯梁

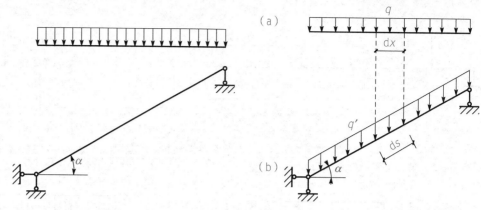

图 6-26　斜梁上荷载沿水平方向分布　　图 6-27　斜梁上荷载沿轴线方向分布

由于按水平距离计算时，以图 6-26 所示方式较方便，故通常将后者[图 6-27(b)]也改为前者的分布方式，而以图 6-27(a)所示的沿水平方向分布的荷载 q 来代替。由于图 6-27 所示两个微段荷载应为等值，故有

$$q\mathrm{d}x = q'\mathrm{d}s \tag{6-1}$$

由此可得

$$q = \frac{q'}{\dfrac{\mathrm{d}x}{\mathrm{d}s}} = \frac{q'}{\cos\alpha} \tag{6-2}$$

⚠ 提示

单跨斜梁的内力除了弯矩和剪力之外，还有轴向力。

【**例 6-5**】　图 6-28(a)所示为一简支斜梁 AB，承受沿水平方向作用的均布荷载 q，试作其内力图。

解：由平衡条件求出支座反力：

$$\sum M_{\mathrm{A}} = 0, \quad F_{\mathrm{B}} = \frac{ql}{2}$$

$$\sum M_{\mathrm{B}} = 0, \quad F_{\mathrm{Ay}} = \frac{ql}{2}$$

$$\sum F_{\mathrm{x}} = 0, \quad F_{\mathrm{Ax}} = 0$$

求内力时，可求距离 A 为 x 的任一截面 C 的内力，将 C 截面切开，取 AC 段为隔离体，如图 6-28(b)所示，C 截面上内力有 N、V、M，根据平衡条件列出 C 截面各内力方程：

$$\sum t = 0, \quad N = -F_{\mathrm{Ay}}\sin\alpha + qx\sin\alpha = -q\left(\frac{l}{2} - x\right)\sin\alpha$$

$$\sum n = 0, \quad V = F_{Ay}\cos\alpha - qx\cos\alpha = q\left(\frac{l}{2} - x\right)\cos\alpha$$

$$\sum M_C = 0, \quad M = F_{Ay}x - qx\frac{x}{2} = \frac{1}{2}qlx - \frac{l}{2}qlx - \frac{l}{2}qx^2$$

由内力方程可绘出斜梁的 N、V、M 图，如图6-28(c)、(d)、(e)所示。

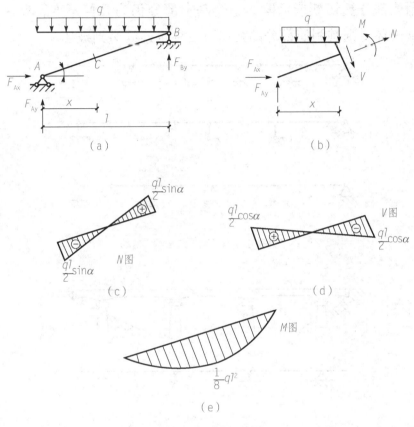

图6-28　例6-5图

2. 静定多跨梁

由若干根梁用铰连接而成、用来跨越几个相连跨度的静定梁称为静定多跨梁。桥梁、房屋建筑中木檩条多采用静定多跨梁。

(1)静定多跨梁的组成。常见的静定多跨梁有以下几种形式：

1)无铰跨和两铰跨交替出现，如图 6-29(a)所示；

2)除第一跨外，其余各跨皆有一铰，如图 6-29(b)所示；

3)前两种方式组合而成，如图 6-29(c)所示。

图 6-30(a)所示为多跨静定桥梁；其计算简图如图 6-30(b)所示。该桥梁由 AB、BC、CD 组成，可以分离为三个静定单跨梁，如图 6-30(c)所示。分别对其进行受力分析，可得到受力图，如图 6-30(d)所示。可以看出，BC 梁必须依靠 AB 和 CD 梁才能保持其几何不变性，而 AB 和 CD 梁直接将

荷载往下传至基础，可以独立地保持几何不变性。

因此，常常将静定多跨梁的结构分为基本部分和附属部分。基本部分是指在竖向荷载作用下能独立维持平衡，直接将荷载传到地基的部分，如图 6-30 中的 AB 和 CD 梁。附属部分是指必须依靠基本部分的支承才能承受荷载，并保持平衡的部分，如图 6-30 中的 BC 梁。

若附属部分被切断或撤除，整个基本部分仍为几何不变；反之，若基本部分被破坏，则其附属部分的几何不变性也连同遭到破坏。

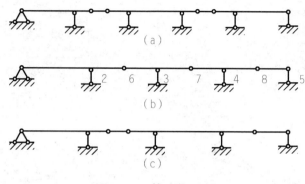

图 6-29　静定多跨梁

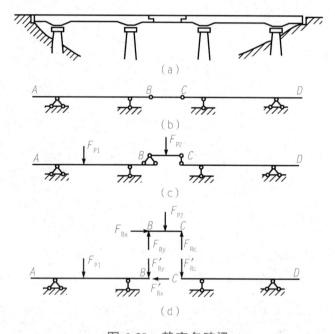

图 6-30　静定多跨梁

静定多跨梁的受力特点

由图 6-30(d) 可见，静定多跨梁的受力特点为：基本部分上所受到的荷载对附属部分没有影响，附属部分上作用的外荷载必然传递到基本部分。

（2）静定多跨梁的内力。在计算静定多跨梁的内力时，应先弄清梁的基本部分和附属部分，再将梁从铰接处拆成若干个单跨梁，从附属部分开始，逐步计算到基本部分。这样就将静定多跨梁的计算，转化为若干个单跨梁的计算，最后将各单跨梁的内力图拼在一起，就是多跨梁的内力图。

静定多跨梁由外伸梁和短梁组合而成。短梁的跨度小于简支梁，所以弯矩也小；外伸梁由于外伸部分的负弯矩，使跨中弯矩也小于相同跨度的简支梁。因此，一般来说，用料比较节省，但静定多跨梁的构造比较复杂，需要全面考虑。

静定多跨梁的铰结点处，在无集中荷载作用时，其剪力无变化，在铰结点处弯矩为零。这是静定多跨梁的内力特征。

【例 6-6】 试作出如图 6-31(a)所示的四跨静定梁的弯矩图和剪力图。

⚠ **提示**

　静定多跨梁的弯矩比一系列简支梁的弯矩小。

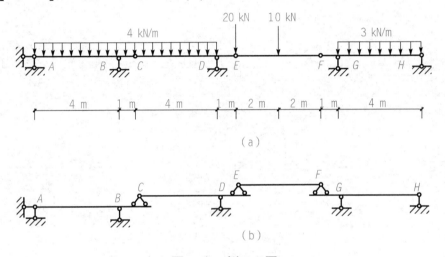

图 6-31　例 6-6 图

解：（1）绘制层次图，如图 6-31(b)所示。

（2）计算支座反力，先从高层次的附属部分开始，逐层向下计算。

①EF 段：由静力平衡条件得

$$\sum M_E = 0, \quad F_F \times 4 - 10 \times 2 = 0, \quad 求得 \ F_F = 5 \ kN$$

$$\sum F_y = 0, \quad F_E = 20 + 10 - F_F = 25(kN)$$

②CE 段：将 F_E 反向作用于 E 点，并与 q 共同作用，可得

$$\sum M_D = 0, \quad F_C \times 4 - 4 \times 4 \times 2 + 25 \times 1 = 0, \quad 求得 \ F_C = 1.75 \ kN$$

$$\sum F_y = 0, \quad F_C + F_D - 4 \times 4 - 25 = 0, \quad 求得 \ F_D = 39.25 \ kN$$

③FH 段：将 F_F 反向作用于 F 点，并与 $q = 3 \ kN/m$ 共同作用，可得

$$\sum M_G = 0, \quad F_H \times 4 + F_F \times 1 - 3 \times 4 \times 2 = 0, \quad 求得 \ F_H = 4.75 \ kN$$

$$\sum F_y = 0, \quad F_H + F_G - F_F - 3 \times 4 = 0, \quad 求得 F_G = 12.25 \text{ kN}$$

④AC 段：将 F_C 反向作用于 C 点，并与 $q = 4 \text{ kN/m}$ 共同作用，可得

$$\sum M_B = 0, \quad F_A \times 4 + F_C \times 1 + 4 \times 1 \times 0.5 - 4 \times 4 \times 2 = 0, \quad 求得 F_A = 7 \text{ kN}$$

$$\sum F_y = 0, \quad F_A + F_B - 4 \times 5 - F_C = 0, \quad 求得 F_B = 14.7 \text{ kN}$$

(3)计算内力并绘制内力图。各段支座反力求出后，不难由静力平衡条件求出各截面内力，然后绘制各段内力图，最后将它们联成一体，得到多跨静定梁的 M、V 图，如图 6-32 所示。

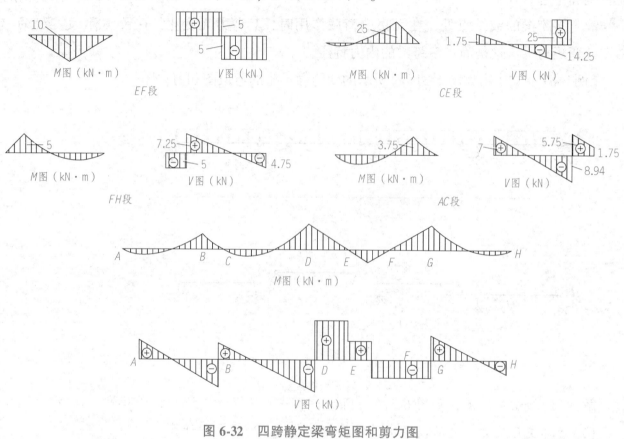

图 6-32　四跨静定梁弯矩图和剪力图

6.2.3　静定刚架

【观察与思考】

日常生活中常见的站台雨棚，如图 6-33 所示，属于什么结构？

图 6-33　站台雨棚

在工程结构中，由直杆（梁和柱）组成的具有刚结点的结构称之为

刚架。刚结点是刚架具备的主要结构特征，如图 6-33 所示的站台雨棚，其中显现出的梁和柱之间的连接点，即为刚结点。当刚架受到外力作用时，在梁和柱的连接点处，其夹角总是不变的，故将这类结点称为刚结点。当组成刚架的各杆的轴线和外力都在同一平面时，称作平面刚架。凡由静力平衡方程能确定全部反力、内力的平面刚架，称为静定平面刚架。

1. 刚架的结构特点

刚架的结构特点和传力特点如下：

（1）杆件少，内部空间大，便于利用。

（2）刚结点处各杆不能发生相对转动，因而各杆件的夹角始终保持不变。

（3）刚结点处可以承受和传递弯矩，因而在刚架中弯矩是主要内力且分布较均匀。

（4）刚架中的各杆通常情况下为直杆，制作加工较方便。

正是以上特点，刚架在工程中得到广泛的应用。

*2. 静定平面刚架的类型

（1）悬臂刚架，如图 6-34（a）所示。刚架本身为几何不变体系，且无多余约束，它用固定支座与地基相连。

（2）简支刚架，如图 6-34（b）所示。刚架本身为几何不变体系，且无多余约束，它用一个固定铰支座和一个可动铰支座与地基相连。

几何不变体系
的组成规则

（3）三铰刚架，如图 6-34（c）所示。刚架本身由两构件组成，中间用铰相连，其底部用两个固定铰支座与地基相连，从而形成没有多余约束的几何不变体系。

（4）组合刚架，如图 6-34（d）所示。此刚架一般分为基本部分和附属部分，基本部分一般由前述三种刚架的一种构成，附属部分则是根据几何不变体系的组成规则连接上去的。

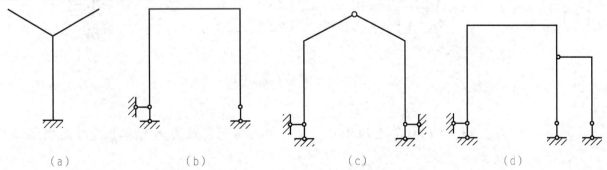

（a）　　　　　（b）　　　　　（c）　　　　　（d）

图 6-34　静定平面刚架类型

（a）悬臂刚架；（b）简支刚架；（c）三铰刚架；（d）组合刚架

就整体结构而言，它仍是一个无多余约束的几何不变体系。

3. 静定平面刚架的内力计算

静定平面刚架的内力计算同梁一样，仍是用截面法截取隔离体，然后用平衡条件求解。其解题步骤通常如下：

（1）由整体或某些部分的平衡条件求出支座反力或连接处的约束反力。

（2）根据荷载情况，将刚架分解成若干杆段，由平衡条件求出杆端内力。

（3）根据杆端内力运用叠加法逐杆绘制内力图，从而得到整个刚架的内力图。

在计算内力时，为了使内力的符号不致发生混淆，在内力符号的右下方加用两个下标来表明内力所属的杆及杆端截面，其中两个下标一起共同表示内力所属的杆，而第一个下标又表示该内力所属的杆端截面。以弯矩为例，以 M_{AB} 和 M_{BA} 分别表示 AB 杆的 A 端和 B 端的弯矩。

在刚架中，弯矩图纵坐标规定画在杆件受拉纤维一边，不用注明正负号。剪力以使隔离体有顺时针转动趋势为正，反之为负，剪力图可画在杆件的任一侧，但要注明正负号。轴力以拉力为正，压力为负，轴力图也可画在杆件的任一侧，也要注明正负号。

【例 6-7】 试求图 6-35 刚架的支座反力，并作出刚架的内力图。

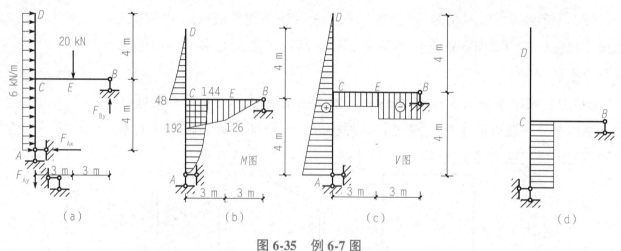

图 6-35 例 6-7 图

解：（1）计算支座反力。此为简支刚架，反力只有三个，考虑刚架的整体平衡，有

$$F_{Ax} = 6 \times 8 = 48 (\text{kN}) \quad (\text{水平向左})$$

⚠ **提示**

刚架若为组合刚架，则与多跨静定梁一样，应先计算附属部分，然后再计算基本部分。

$$\sum M_{A} = 0, \quad F_{By} = \frac{6 \times 8 \times 4 + 20 \times 3}{6} = 42(kN) \quad (\text{竖直向上})$$

$$\sum F_{y} = 0, \quad F_{Ay} = 42 - 20 = 22(kN) \quad (\text{竖直向下})$$

（2）绘制内力图。作弯矩图时需要逐杆考虑。

首先，考虑 CD 杆，该杆为悬臂梁，故其弯矩图可以直接绘出。其 C 端弯矩为

$$M_{CD} = \frac{6 \times 4 \times 4}{2} = 48(kN \cdot m) \quad (\text{左侧受拉})$$

其次，考虑 CB 杆。该杆上作用有一集中荷载，可以分为 CE 和 EB 两个无荷载区段，用截面法求出下列控制截面的弯矩：

$$M_{BE} = 0$$

$$M_{EB} = M_{EC} = 42 \times 3 = 126(kN \cdot m) \quad (\text{下侧受拉})$$

$$M_{CB} = 42 \times 6 - 20 \times 3 = 192(kN \cdot m) \quad (\text{下侧受拉})$$

便可以绘制出该杆弯矩图。

最后，考虑 AC 杆件。该杆受均布荷载，可以用叠加法来绘制其弯矩图。先求出该杆两端弯矩：

$$M_{AC} = 0$$

$$M_{CA} = 48 \times 4 - 6 \times 4 \times 2 = 144(kN \cdot m) \quad (\text{右侧受拉})$$

最后，可得整个刚架的弯矩图，如图 6-35（b）所示。

在绘制剪力图和轴力图时同样逐杆考虑。根据荷载和已经求出的反力，可以用截面法求出杆件各个控制截面的剪力和轴力，从而绘制出整个刚架的剪力图和轴力图，如图 6-35（c）、（d）所示。

工 程 实 例

由于刚架结构受力合理、轻巧美观，能跨越较大的跨度，制作又很方便，因而应用非常广泛，一般用于体育馆、礼堂、食堂、菜市场等大空间的民用建筑，也可用于工业建筑。

刚架结构根据组成和构造方式的不同，分为无铰刚架、两铰刚架、三铰刚架，如图 6-36（a）、（b）、（c）所示。无铰刚架和两铰刚架是超静定结构，结构刚度较大，但当地基条件较差，发生不均匀沉降时，结构将产生附加内力。三铰刚架属于静定结构，在地基产生不均匀沉降时，结构不会引起附加内力，但其刚度不如前两种。一般来说，三铰刚

架多用于跨度较小的建筑，两铰和无铰刚架可用于跨度较大的建筑。

　　刚架结构常用钢筋混凝土建造，为了节约材料和减轻结构自重，通常将刚架做成变截面形式，柱梁相交处弯矩最大，截面增大，铰结点处弯矩为零，截面最小，所以刚架的立柱截面呈上大下小。根据建筑造型需要，立柱可做成里直外斜，或外直里斜。刚架多采用预制装配，构件呈"Y"形和"Γ"形，用这些构件可组成单跨、多跨、高低跨、悬挑跨等各式各样的建筑外形。屋脊一般在跨度正中间，形成对称式刚架，也可偏于一边，构成不对称式刚架，如图 6-36(d)、(e)、(f)、(g)所示。图 6-36(h)、(i)是杭州黄龙洞游泳馆结构示意图，该馆采用钢筋混凝土刚架结构，主跨为不对称刚架，屋脊靠左，使跳水台处有足够的高度，主跨右侧带有一悬挑跨，用作休息和其他辅助房间。

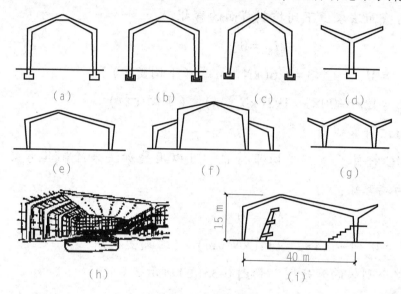

图 6-36　刚架结构

6.2.4　三铰拱

1. 三铰拱的组成

　　曲杆，如图 6-37(a)所示，在中间一段画纵向线，表示纵向纤维段。将曲杆置于桌面，左手捏住曲杆的左端，右手指对杆竖直向下施力，曲杆会向下弯曲(下侧纤维拉长)，杆的右端会向外滑出[图 6-37(b)]。略去摩擦，则视水平支座约束力为零。此时，曲杆的变形仍以弯曲为主，仍然是梁。因变形前杆的轴线为曲线，称之为曲梁。如果用物体顶住右端不让其向外滑动，水平约束对杆端则产生水平支座约束力，杆的弯曲明显减小[图 6-37

（c）]。竖向荷载作用下产生水平支座约束力的曲杆称为拱。

将拱的外力分解为竖直方向、水平方向两组：竖向外力使杆向下弯曲[图 6-37（b）]；水平推力 F_H 使杆向上弯曲[图 6-37（d）]，上侧纤维拉长。这组水平推力产生的反向弯曲，削弱了竖向外力产生的弯曲；而且水平推力还增大了拱的轴力[图 6-37（c）]。这样，拱的变形便转换成以轴向压缩为主。如图 6-37（e）所示砌拱实验，砌块之间不可能承受拉力。拱座固定在基座上，斜面阻止砌块向下、向外移动，提供向上的支座约束力和向里的水平推力。

如图 6-38（a）所示三铰拱屋架，钢筋混凝土拱圈的轴线为抛物线。在均布荷载作用下，拱内只存在轴向压力，没有剪力和弯矩。拱轴线 $y = 4f(l-x)x/l^2$ 为均布荷载作用下三铰拱的合理拱轴线[图 6-38（b）]。三铰拱屋架支承在柱顶上，为减少柱的水平荷载，拱的水平推力由水平钢拉杆提供，该杆称为杆系三铰系杆拱试验模型，如图 6-38（c）所示。

对如图 6-38（d）、（e）所示的三铰拱进行几何组成分析：其左半拱 AC、右半拱 CB 可分别作为刚片 I、刚片 II，整个地基可作为刚片 III，故此体系是由三个刚片用不在同一直线上的三个铰 A、B、C 两两相联而成的，为几何不变体系，且无多余约束。因此，三铰拱为静定结构。

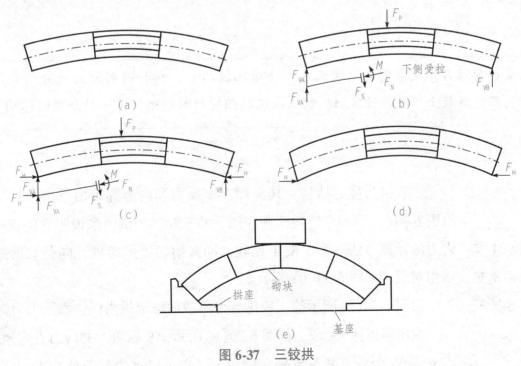

图 6-37 三铰拱

（a）曲杆；（b）曲梁；（c）拱；（d）推力 F_H 产生反向弯曲；（e）砌拱实验

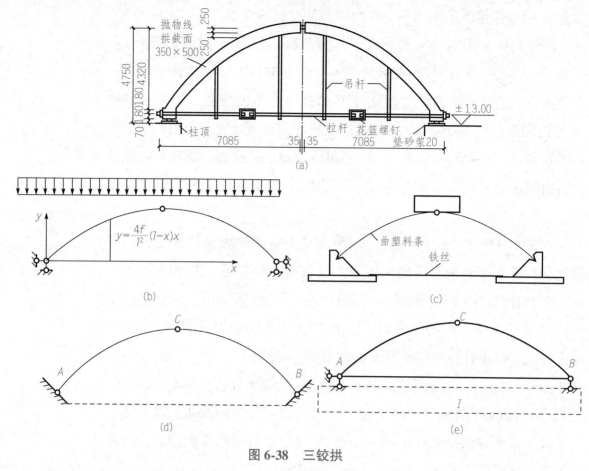

图 6-38 三铰拱

（a）三铰拱屋架；（b）均布荷载下三铰拱的合理拱轴线；（c）三铰系杆拱实验模型；（d）三铰拱；（e）三铰系杆拱

⚠ **提示**

拱主要承受压力，使得截面上的正应力分布比较均匀，材料得到较为充分的利用。而且可以用砖、石、混凝土等抗拉性能弱、抗压性能较强的材料制造，是一种合理的结构形式。

*2. 三铰拱的内力计算

三铰拱为静定结构，其全部支座反力和内力都可由平衡条件确定。现以图 6-39（a）所示在竖向荷载作用下的三铰拱为例，来说明它的支座反力和内力的计算方法。为了便于比较，同时给出了同跨度、同荷载的相应简支梁相对照，如图 6-39（b）所示。

对图 6-39（a）所示的三铰拱，可用截面法求拱内任一截面内力。

取出隔离体 AK 段，如图 6-39（c）所示，K 截面上的内力有弯矩 M_K、剪力 V_K、轴力 N_K，其正负号规定如下：弯矩以拱内侧受拉为正，反之为负；剪力以使隔离体顺时针转向为正，反之为负；轴力以压为正，拉为负。图 6-39（d）为相应简支梁及其相应截面内力。经过适当推导，可以得到拱的某

注意 ⚡

φ_K 的符号在图示坐标系中左半拱为正，右半拱为负。

一指定截面的内力为

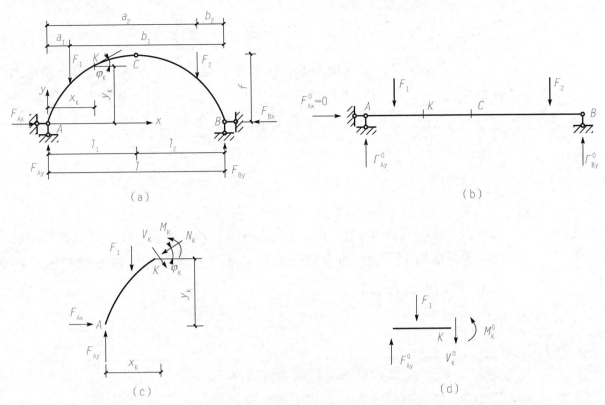

图 6-39 竖向荷载作用下的三铰拱内力计算

$$M_K = M_K^0 - H y_K \qquad (6\text{-}3)$$

$$V_K = V_K^0 \cos\varphi_K - H\sin\varphi_K \qquad (6\text{-}4)$$

$$N_K = V_K^0 \sin\varphi_K + H\cos\varphi_K \qquad (6\text{-}5)$$

*3. 支座反力的计算

三铰拱有四个支座反力。根据整体平衡条件 $\sum M_A = 0$，$\sum M_B = 0$，可以求出拱的竖向反力。

$$F_{Ay} = \frac{\sum F_i b_i}{l} = F_{Ay}^0$$

$$F_{By} = \frac{\sum F_i a_i}{l} = F_{By}^0$$

即拱的竖向反力与相应简支梁的竖向反力相同。

由 $\sum F_x = 0$ 得到

$$F_{Ax} = F_{Bx} = H$$

H 称为水平推力。取拱顶铰 C 以左部分为隔离体，由 $\sum M_C = 0$，得到

水平推力为

$$H = \frac{F_{\mathrm{Ay}} l_1 - F_1 (l_1 - a_1)}{f} = \frac{M_{\mathrm{C}}^0}{f}$$

M_{C}^0 表示相应简支梁截面 C 处的弯矩，据此可以得到三铰拱支座反力的计算公式：

$$F_{\mathrm{Ay}} = F_{\mathrm{Ay}}^0 \tag{6-6}$$

$$F_{\mathrm{By}} = F_{\mathrm{By}}^0 \tag{6-7}$$

$$H = \frac{M_{\mathrm{C}}^0}{f} \tag{6-8}$$

由上述三式可知，求解三铰拱竖向反力 F_{Ay}、F_{By}，可以通过求相应简支梁的支座反力 F_{Ay}^0、F_{By}^0 而求得。而水平推力 H 等于相应简支梁截面 C 的弯矩 M_{C}^0 除以拱高 f 而得。

知识链接

三铰拱的支座反力的特点

在竖向荷载作用下，三铰拱的支座反力有如下特点：

(1) 支座反力与拱轴线形状无关，而与三个铰的位置有关。

(2) 竖向支座反力与拱高无关。

(3) 当荷载和跨度固定时，拱的水平反力 H 与拱高 f 成反比，即拱高 f 越大，水平反力 H 越小；反之，拱高 f 越小，水平反力 H 越大。

【例 6-8】 试计算图 6-40 所示三铰拱的内力，并绘制其内力图。已知拱曲线方程 $y(x) = \frac{4f}{l^2} x(l-x)$。

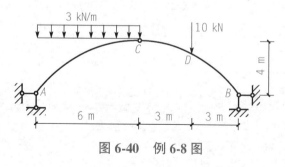

图 6-40 例 6-8 图

解： (1) 求支座反力。

$$F_{\mathrm{Ay}} = F_{\mathrm{Ay}}^0 = \frac{10 \times 3 + 3 \times 6 \times 9}{12} = 16 (\mathrm{kN}) \quad (\uparrow)$$

$$F_{\mathrm{By}} = F_{\mathrm{By}}^0 = \frac{3 \times 6 \times 3 + 10 \times 9}{12} = 12 (\mathrm{kN}) \quad (\uparrow)$$

$$H = \frac{M_{\mathrm{C}}^0}{f} = \frac{16 \times 6 - 3 \times 6 \times 3}{4} = 10.5 (\mathrm{kN})$$

(2) 截面的内力计算。在计算截面内力时，可以将拱跨分为 8 等份，按照式 (6-3) ~ 式 (6-5) 计算出各等分点截面的弯矩、剪力和轴力。计算时，为了清楚和便于检查，计算可以列表进行 (略)。然后，根据计算结果绘出 M、

V、N 图。

为了说明计算过程，现以集中力作用点 D 截面为例，计算如下：

$$x_D = 9 \text{ m}$$

$$y_D = \frac{4f}{l^2}x(l-x) = \frac{4\times4}{12^2}\times9\times(16-9) = 3(\text{m})$$

$$\tan\varphi_D = \frac{\mathrm{d}y}{\mathrm{d}x} = \frac{4f}{l^2}(l-2x) = \frac{4\times4}{12^2}\times(12-2\times9) = -0.667$$

故 $\varphi_D = -33.7°$，$\sin\varphi_D = -0.555$，$\cos\varphi_D = 0.832$

根据式(6-3)~式(6-5)，可得

$$M_D = M_D^0 - Hy_D = 12\times3 - 10.5\times3 = 4.5(\text{kN}\cdot\text{m})$$

$$V_{D左} = V_{D左}^0\cos\varphi_D - H\sin\varphi_D = (-2)\times0.832 - 10.5\times(-0.555)$$
$$= 4.17(\text{kN})$$

$$N_{D左} = V_{D左}^0\sin\varphi_D + H\cos\varphi_D = (-2)\times(-0.555) + 10.5\times0.832$$
$$= 9.85(\text{kN})$$

$$V_{D右} = V_{D右}^0\cos\varphi_D - H\sin\varphi_D = (-12)\times0.832 - 10.5\times(-0.555)$$
$$= -4.15(\text{kN})$$

$$N_{D右} = V_{D右}^0\sin\varphi_D + H\cos\varphi_D = (-12)\times(-0.555) + 10.5\times0.832$$
$$= 15.4(\text{kN})$$

重复上述步骤，可求出各等分截面的内力，作出内力图，如图 6-41 (a)、(b)、(c)所示。

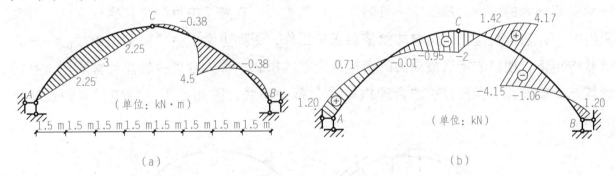

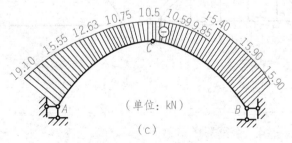

图 6-41 三铰拱内力图

(a)弯矩图；(b)剪力图；(c)轴力图

4. 三铰拱的受力特点

通过三铰拱的内力分析及与相应水平简支梁的比较，得知三铰拱的受力特点有以下几点：

（1）在竖向荷载作用下，梁没有水平反力，而拱则有水平推力（三铰拱的基础比简支梁的基础要坚固）。

（2）由于水平推力的存在，三铰拱截面上的弯矩比简支梁的弯矩小，这使拱更能充分发挥材料的作用，适用于较大的跨度和较重的荷载。

（3）在竖向荷载作用下，梁的截面内没有轴力，而拱的截面内轴力较大，且一般为压力，便于使用抗压性能好而抗拉性能差的材料，如砖、石、混凝土等，同时可以减轻自重和减少用料。

 提示

三铰拱的弯矩、剪力比曲梁小，而轴向压力比曲梁大。压力是三铰拱的主要内力。

工程实例

当屋盖采用拱结构时，水平推力对于支承它的墙、柱是很不利的。为消除这一不利因素，可在拱结构中加一根拉杆，让拉杆承受水平推力，这样的结构称为拉杆拱[图6-42（a）]。拉杆拱的计算简图如图6-42（b）所示。带拉杆的三铰拱也是静定结构。由于拉杆承受着很大的拉力，施工中不可随意减小其截面。在施工中拆除拱体模板之前，要拉紧拉杆，让它承受拉力，这样才能使拱正常工作，否则也会发生拱体倒塌事故。在一定荷载作用下，使拱的所有截面上的弯矩都为零的拱轴，称为合理拱轴。计算表明，在满跨均布荷载作用下，三铰拱的合理拱轴是一条抛物线，因此土木工程中常采用抛物线形拱。

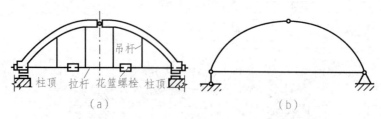

图 6-42 拱结构

6.2.5　桁架

1. 桁架的组成

桁架是由若干杆件在各杆两端用铰连接而成的结构。当各杆的轴线都在同一平面内，且外力也在这个平面内时，称为平面桁架。平面桁架的计算简图如图 6-42 所示，通常引用如下的简化假设：桁架的节点都是光滑的铰接点；各杆的轴线都是通过铰链中心的直线；荷载与支座反力都作用在节点上。

桁架各部分的名称如图 6-42 所示。其上边的杆件称为上弦杆，下边的杆件称为下弦杆。连接上弦和下弦的杆件统称为腹杆，其中竖直的杆称为竖杆，倾斜的杆称为斜杆。弦杆上相邻两节点间的距离称为节间，通常用 d 表示。两支座间的水平距离称为跨度，通常用 l 表示。支座连线至桁架最高点的距离称为桁高，通常用 h 表示。

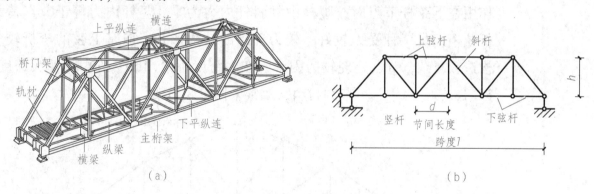

图 6-43　钢桁架桥

(a)构造示意；(b)计算简图

⚠️ 提示

屋架、跨度和吨位较大的起重机梁、桥梁、水工闸门构架、输电塔架及其他大跨度结构，都可采用桁架结构。

2. 桁架的分类

静定平面桁架按结构外形可分为平行弦桁架(图 6-44)、折弦桁架(图 6-45)和三角形桁架(图 6-46)三种。

(1)平行弦桁架(图 6-44)。上弦杆和下弦杆内力值均是靠支座处小，向跨度中间增大。腹杆内力的变化规律则是靠近支座处内力大，向跨中逐渐减小。可见，平行弦桁架的内力分布不均匀。如果按各杆内力大小选择截面，弦杆截面沿跨度方向必须随之改变，这样节点的处理较为复杂。如果各杆采用相同的截面，则靠近支座处弦杆材料性能不能充分利用，造成浪费。其优点是节点构造统一，腹杆可标准化，因此，主要在轻型桁架中应用，多用于跨度在 12 m 以上吊车梁。

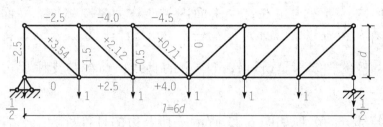

图 6-44 平行弦桁架

（2）折弦桁架（图 6-45）。上、下弦杆的内力近似于相等，即内力分布均匀。当荷载作用在上弦杆节点时，各腹杆（斜杆+竖杆）内力均为零；当荷载作用在下弦杆节点时，腹杆中的斜杆内力为零，竖杆内力等于节点荷载。折弦桁架是一种受力较好、较为理想的结构形式，但是上弦的弯折较多，构造较复杂，节点处理较为困难。在大跨度桥梁（100~150 m）及大跨度屋架（18~30 m）中，可节约材料，故常采用折弦桁架。

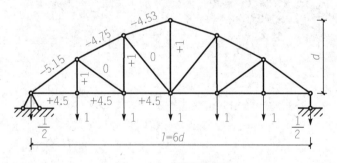

图 6-45 折弦桁架

（3）三角形桁架（图 6-46）。当荷载作用在上弦杆节点时，弦杆的内力两端大，中间小；腹杆的内力为两端小，中间大。其内力分布并不均匀，端节点处夹角甚小，构造布置较为困难。但是，由于三角形桁架的上弦斜面符合屋顶构造需要，故一般适用于较小跨度的屋架结构。

⚠ 提示

桁架比梁能承受更大的弯矩，跨越更大的跨度，承受更大的荷载。

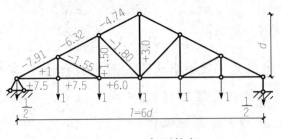

图 6-46 三角形桁架

3. 桁架的内力

(1)结点法。所谓结点法就是取桁架的结点为隔离体，利用结点的静力平衡条件来计算杆件内力的方法。

因为桁架各杆件都只承受轴力，作用于任一结点的各力(包括荷载、反力和杆件轴力)组成一个平面汇交力系。平面汇交力系可以建立两个独立的平衡方程，解算两个未知量。

用这种方法分析桁架内力时，可先由整体平衡条件求出它的反力，然后再以不超过两个未知力的结点分析，依次考虑各结点的平衡，直接求出各杆的内力。

在计算时，通常都先假定杆件内力为拉力，若所得结果为负，则为压力。

【例6-9】 试用结点法求图 6-47(a)所示桁架各杆的内力。

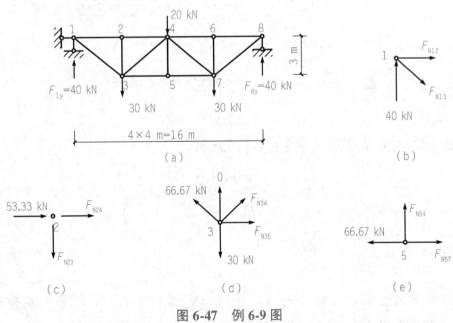

图 6-47 例 6-9 图

解：(1)计算支座反力。由于结构和荷载均对称，故

$$F_{1y} = F_{8y} = 40 \text{ kN} \quad (\uparrow)$$

$$F_{1x} = 0$$

(2)计算各杆的内力。反力求出后,可截取结点解算各杆的内力。从只含两个未知力的结点开始,这里有1、8两个结点,现在计算左半桁架,从结点1开始,然后依次分析其相邻结点。

取结点1为隔离体,如图6-47(b)所示。

$$\sum F_y = 0, \quad -F_{N13} \times \frac{3}{5} + 40 = 0$$

得
$$F_{N13} = 66.67 \text{ kN} \quad (拉)$$

$$\sum F_x = 0, \quad F_{N12} + F_{N13} \times \frac{4}{5} = 0$$

得
$$F_{N12} = -53.33 \text{ kN} \quad (压)$$

取结点2为隔离体,如图6-47(c)所示。

$$\sum F_1 = 0, \quad F_{N24} + 53.33 = 0$$

得
$$F_{N24} = -53.33 \text{ kN} \quad (压)$$

$$\sum F_y = 0$$

得
$$F_{N23} = 0$$

取结点3为隔离体,如图6-47(d)所示。

$$\sum F_y = 0, \quad F_{N34} \times \frac{3}{5} + 66.67 \times \frac{3}{5} - 30 = 0$$

得
$$F_{N34} = -16.67 \text{ kN} \quad (压)$$

$$\sum F_x = 0, \quad F_{N35} + \frac{4}{5} \times F_{N34} - \frac{4}{5} \times 66.67 = 0$$

得
$$F_{N35} = 66.67 \text{ kN} \quad (拉)$$

取结点5为隔离体,如图6-47(e)所示。

$$\sum F_y = 0$$

得
$$F_{N54} = 0$$

$$\sum F_x = 0, \quad F_{N57} - 66.7 = 0$$

得
$$F_{N57} = 66.67 \text{ kN} \quad (拉)$$

至此桁架左半边各杆的内力均已求出。继续取8、6、7等结点为隔离体,可求得桁架右半边各杆的内力。各杆的轴力示于图6-48上。由该图可以看出,对称桁架在对称荷载作用下,对称位置杆件的内力也是对称的。因此,今后在解算这类桁架时,只需计算半边桁架的内力即可。

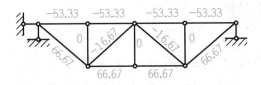

图 6-48　桁架轴力示意图

（2）截面法。除结点法外，计算桁架内力的另一基本方法是截面法。所谓截面法，是通过需求内力的杆件做一适当的截面，将桁架截为两部分，然后任取一部分为隔离体（隔离体至少包含两个结点），根据平衡条件来计算所截杆件的内力的方法。在一般情况下，作用于隔离体上的诸力（包括荷载、反力和杆件轴力）构成平面一般力系，可建立三个平衡方程。因此，只要隔离体上的未知力数目不多于三个，则可直接把此截面上的全部未知力求出。

截面法适用于联合桁架的计算以及简单桁架中求少数指定杆件内力的情况。

📖 知识链接

截面法的注意事项

（1）适当选取截面，选取的截面可以为平面，也可以为曲面，或者为闭合截面，但一定要将桁架分成两部分。一般来说，截面所截断的杆件不多于三根。

（2）适当选取矩心，一般以未知内力的交点作为矩心，应用力矩方程求解内力较方便。同时，注意使用投影方程，适当选择投影轴，并将未知内力沿坐标轴分解，再利用比例关系求得内力。

【例 6-10】　试用截面法计算图 6-49（a）所示桁架中 a、b、c 三杆内力。

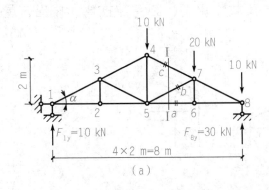
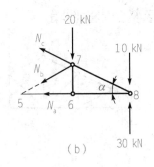

图 6-49　例 6-10 图

解：（1）计算支座反力。

$$F_{1y} = 10 \text{ kN}, \quad F_{8y} = 30 \text{ kN} \quad (\uparrow)$$

（2）求指定杆件内力。用截面 I—I 假想将 a、b、c 三杆截断，取截面右边部分为隔离体，如图 6-49(b) 所示，其中只有 N_a、N_b、N_c 三个未知量，从而可利用隔离体的三个平衡方程求解。应用平衡方程求内力时，应注意避免解联立方程，尽量做到一个方程求解一个未知量。

$$\sum M_7 = 0, \quad -N_a \times 1 - 10 \times 2 + 30 \times 2 = 0$$

得

$$N_a = 40 \text{ kN} \quad (\text{拉})$$

$$\sum M_5 = 0, \quad N_c \sin\alpha \times 2 + N_c \cos\alpha \times 1 + 30 \times 4 - 20 \times 2 - 10 \times 4 = 0$$

得

$$N_c = -22.36 \text{ kN} \quad (\text{压})$$

$$\sum M_8 = 0, \quad N_b \sin\alpha \times 2 + N_b \cos\alpha \times 1 + 20 \times 2 = 0$$

得

$$N_b = -22.36 \text{ kN} \quad (\text{压})$$

📖 知识链接

刚架与桁架的区别

刚架和桁架都是由直杆组成的结构。两者的区别是：桁架的结点全部都是铰结点，刚架中的结点全部或者部分是刚结点。由直杆组成具有铰结点的结构称为桁架。

工 程 实 例

某建筑因故将跨度减小，为省工时，将已做好的木屋架凑合使用。为此，擅自将原屋架的端结点，从上、下弦杆轴线交汇点内侧 360 mm 处，将蹬口及上、下弦全部锯掉以减小跨度，如图 6-50 所示，只用三个圆钉和两块 30 mm×1 220 mm 的木夹板在两面固定。这样，完全破坏了屋架的正常受力状态，在屋面荷载作用下，圆钉被推弯、拔出，屋架端部失去承载力，导致整个屋盖倒塌。

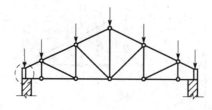

图 6-50　屋架

6.2.6 静定结构的特性

静定梁、静定刚架、静定桁架和三铰拱都属于静定结构，虽然这些结构形式各异，但都具有共同的特性。

(1)静定结构解的唯一性。静定结构是无多余约束的几何不变体系。由于没有多余约束，其所有的支座反力和内力都可以由静力平衡方程完全确定，并且解答只与荷载及结构的几何形状、尺寸有关，而与构件所用的材料、构件截面的形状和尺寸无关。

(2)静定结构只在荷载作用下产生内力。其他因素作用时(如支座移动、温度变化、制造误差等)，只引起位移和变形，不产生内力。

如图 6-51 所示悬臂梁，若其上、下侧温度分别升高 t_1 和 t_2(假设 $t_1 < t_2$)，则变形产生伸长和弯曲(如图 6-51 中虚线所示)。但因没有荷载作用，由平衡条件可知，梁的支座反力和内力均为零。又如图 6-52 所示简支梁，其支座 B 产生了塌陷，因而梁随之产生位移(如图 6-52 中虚线所示)。同样，由于荷载为零，其支座反力和内力也均为零。

(3)平衡力系的影响。当由平衡力系组成的荷载作用于静定结构的某一本身为几何不变的部分上时，则只有此部分受力，其余部分的反力和内力均为零。

如图 6-53 所示的静定结构，有平衡力系作用于本身为几何不变的部分 BD 上。若依次取 BC、AB 为隔离体计算，则可以得到支座 C 处的反力、支座 A 处的反力以及铰 B 处的约束力均为零，由此可知，除 BD 部分外，其余部分的内力均为零。

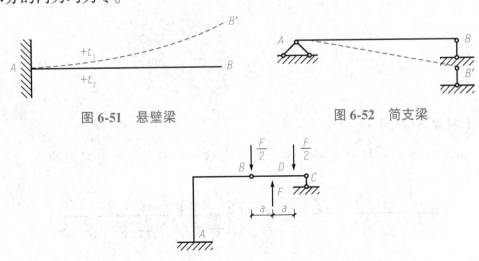

图 6-51 悬壁梁   图 6-52 简支梁

图 6-53 静定结构平衡力系的影响

（4）静定结构的荷载等效性。如果两组荷载的合力相同，则称为等效荷载。把一组荷载变换成另一组与之等效的荷载，称为荷载的等效变换。

⚠ **提示**

静定结构上某一几何不变部分上的外力，当用一等效力系替换时，仅等效替换作用区段的内力发生变化，其余部分内力不变。

（5）静定结构的构造变换特性。当静定结构的一个内部几何不变部分，用其他几何不变的结构去替换时，仅被替换部分内力发生变化，其他部分的内力不变。

如图 6-54（a）所示桁架中，设将上弦杆 CD 改为一个小桁架，如图 6-54（b）所示，因两个结构的支座反力没有改变，所以除 CD 杆外，其余各杆的内力均不变。

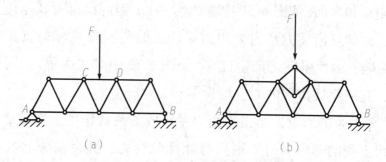

图 6-54 静定结构构造变换特性

6.3 工程中常见超静定结构简介

6.3.1 超静定结构的概念

【观察与思考】

如图 6-55 所示的简支梁，哪个是静定结构？哪个是超静定结构？

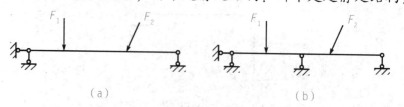

图 6-55 静定结构与超静定结构

如图 6-55(a)所示的简支梁,其支座反力和截面内力均可由平衡方程确定,所以简支梁是静定结构。再如图 6-55(b)所示,它是通过在简支梁上又增加了一根链杆(或活动铰支座)而得到的,这种结构称为连续梁。此连续梁有四个支座反力,而平衡方程却只有三个,仅用平衡方程不能求解,因此截面内力也就无法确定,所以它是一个超静定结构。

一个结构,如果其所有的未知力不能仅用平衡方程确定,则这种结构称为超静定结构。这里所说的未知力包括支座反力和截面内力。

6.3.2　超静定结构的分类与力法

1. 超静定结构的分类

常见的超静定结构类型有超静定梁[图 6-56(a)]、超静定刚架[图 6-56(b)]、超静定桁架[图 6-56(c)]、超静定拱[图 6-56(d)]、超静定组合结构[图 6-56(e)]和铰接排架[图 6-56(f)]。

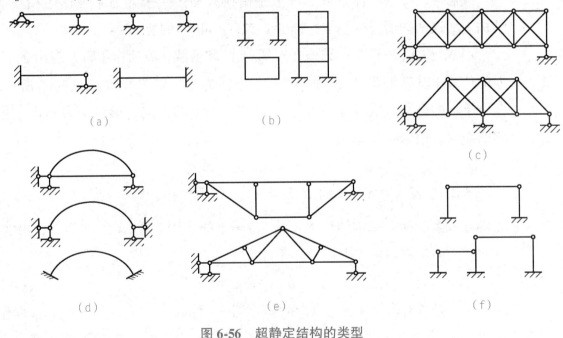

图 6-56　超静定结构的类型

2. 超静定结构力法的基本原理

图 6-57(a)所示为单跨超静定梁,它是具有一个多余约束的超静定结构。如果把支座 B 去掉,在去掉多余约束 B 支座处以未知力 X_1 代替,原结构就变成静定结构,说明它是一次超静定结构。此时梁上作用有均布荷载 q 和集中力 X_1,如图 6-57(b)所示。这种在去掉多余约束后所得到的静定结

构，称为原结构的基本结构，代替多余约束的未知力 X_1 称为多余未知力。基本结构在原有荷载和多余未知力共同作用下的体系称为力法的基本体系。如果能设法求出符合实际受力情况的 X_1，也就是支座 B 处的真实反力，那么，基本体系的内力和变形就与原结构在荷载作用下的情况完全一样，从而将超静定结构问题转化为静定结构问题。

如何求出 X_1 呢？仅靠平衡条件是无法求出的。因为在基本体系中截取的任何隔离体上除了 X_1 之外还有三个未知内力或者反力，故平衡方程的总数少于未知力的总数，其解答是不定的。确定多余未知力 X_1，必须考虑变形条件以建立补充方程。为此对比原结构与基本体系的变形情况。原结构在支座 B 处由于多余约束的作用而不可能有竖向位移；虽然基本体系上多余的约束已经被去掉，但是如果其受力和变形情况与原结构完全一致，则在荷载 q 和多余未知力 X_1 共同作用下，其 B 点的竖向位移(即沿着力 X_1 方向上的位移)Δ_B 也应该等于零，即 $\Delta_B = 0$。

这就是用以确定 X_1 的变形条件或者位移条件。

我们可以把基本体系分解成分别由荷载和多余未知力单独作用在基本结构上的这两种情况的叠加，即图 6-57(c)和(e)的叠加。

用 Δ_{11} 和 Δ_{1P} 表示基本结构在未知力 X_1 和荷载 q 单独作用时 B 点沿 X_1 方向的位移，其符号都以沿着假定的 X_1 方向为正，如图 6-57(c)、(e)所示，两个下标的含义依次为第一个表示位移的地点和方向，第二个表示产生位移的原因。根据叠加原理，可得

$$\Delta_B = \Delta_{11} + \Delta_{1P} = 0$$

若用 δ_{11} 表示当 $X_1 = 1$ 时 B 点沿 X_1 方向的位移，则有 $\Delta_{11} = \delta_{11} X_1$。这里 δ_{11} 的物理意义为：基本结构上，由于 $\overline{X_1} = 1$ 的作用，在 X_1 的作用点，沿 X_1 方向产生的位移。于是上述位移条件可写成

$$\delta_{11} X_1 + \Delta_{1P} = 0 \tag{6-9}$$

上式是含有多余未知力 X_1 的位移方程，称为力法方程。式中，δ_{11} 称作系数；Δ_{1P} 称为自由项，它们都表示静定结构在已知荷载作用下的位移，完全可用前面知识求得，因而多余未知力 X_1 即可由此方程解出。利用力法方程求出 X_1 后就完成了把超静定结构转换成静定结构来计算的过程。

上述计算超静定结构的方法称为力法。它的基本特点就是以多余未知力作为基本未知量，根据所去掉的多余约束处相应的位移条件，建立关于多余未知力的方程或方程组，我们称这样的方程(或方程组)为力法典型方程，简称力法方程。解此方程或方程组即可求出多余未知力。

下面计算系数 δ_{11} 和自由项 Δ_{1P}，为了计算 δ_{11} 和 Δ_{1P}，可分别绘出基本结构在 $\overline{X}_1 = 1$ 和 q 作用下的弯矩图 $\overline{M}_1$ 图和 M_P 图，如图 6-57(d)、(f)所示，然后利用图乘法计算这些位移。

求 δ_{11} 时应为 $\overline{M}_1$ 图和 $\overline{M}_1$ 图相乘，即 $\overline{M}_1$ 图自乘：

$$\delta_{11} = \frac{1}{EI} \times \frac{1}{2} \times l \times l \times \frac{2}{3} \times l = \frac{l^3}{3EI}$$

求 Δ_{1P} 时应为 $\overline{M}_1$ 图和 M_P 图相乘：

$$\Delta_{1P} = -\frac{1}{EI} \times \frac{1}{3} \times \frac{ql^2}{2} \times l \times \frac{3}{4} \times l = -\frac{ql^4}{8EI}$$

把 δ_{11} 和 Δ_{1P} 代入式(6-9)得

$$X_1 = -\frac{\Delta_{1P}}{\delta_{11}} = \frac{3}{8}ql \quad (\uparrow) \tag{6-10}$$

计算结果 X_1 为正值，表示开始时假设的 X_1 方向是正确的(向上)。

多余未知力 X_1 求出后，其内力可按静定结构的方法进行分析，也可利用叠加法计算。即将 $X_1 = 1$ 单独作用下的弯矩图 $\overline{M}_1$ 乘以 X_1 后与荷载单独作用下的弯矩图 M_P 叠加。用公式可表示为

$$M = \overline{M}_1 X_1 + M_P \tag{6-11}$$

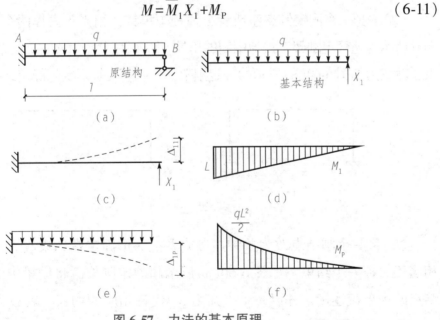

图 6-57 力法的基本原理

3. 超静定次数的确定

超静定结构区别于静定结构的基本特征就是具有多余约束，超静定次数是指超静定结构中多余约束的个数。如果从一个超静定结构中解除 n 个

约束，结构变为静定结构，则原来的超静定结构为 n 次超静定。

显然，我们可用去掉多余约束使原来的超静定结构(以后称原结构)变成静定结构的方法来确定结构的超静定次数。去掉多余约束的方式，通常有以下几种：

(1)去掉支座处的一根支杆或切断一根链杆，相当于去掉一个约束。如图6-58(a)所示超静定梁，去掉中间一个支座支杆(也是链杆)，以未知力 X_1 代替相应的约束，就成为如图6-58(b)所示的静定梁，故原来的梁具有一个多余约束，是一次超静定梁。

又如图6-59所示结构，切断其中一根链杆，以一对未知力 X_1 代替相应的约束，就成为如图6-59(b)所示的静定结构，故原来的结构具有一个多余约束，是一次超静定结构。

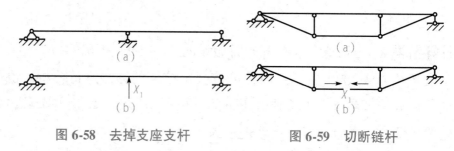

图6-58 去掉支座支杆   图6-59 切断链杆

(2)去掉一个固定铰支座或者去掉一个单铰，相当于去掉两个约束。如图6-60所示为超静定刚架，去掉中间的单铰，以两对未知力 X_1、X_2 代替相应的约束，就成为如图6-60(b)所示的静定刚架，故原刚架是两次超静定结构。

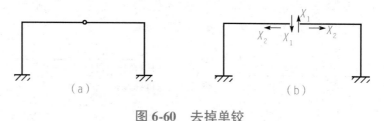

图6-60 去掉单铰

(3)将一个刚结点改为单铰连接或者把一个固定端约束改为固定铰支座相当于去掉一个约束。如图6-60(a)所示超静定刚架，将横梁中的任一个刚结点改为单铰连接，并以一个未知力 X_1 代替相应的约束，就成为如图6-61(b)所示的静定刚架，故原刚架是一次超静定结构。

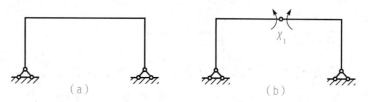

图6-61 刚结点改为单铰

（4）去掉一个固定端约束（固定支座）或者在刚性连接处切断，相当于去掉三个联系。如图 6-62 所示超静定刚架，若沿着横梁中的某点截开，以三个多余未知力 X_1、X_2 和 X_3 代替相应的约束，就成为如图 6-62(b) 所示的静定刚架，故原刚架是三次超静定结构。

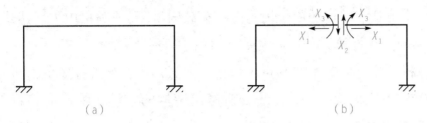

图 6-62　在刚性连接处切断

应用上述去掉多余约束的基本方式，可以确定结构的超静定次数。应该指出，同一个超静定结构，可以采用不同方式去掉多余约束，如图 6-63(a) 所示，可以有三种不同的去掉约束的方法，分别如图 6-63(b)、(c)、(d) 所示。无论采用何种方式，原结构的超静定次数都是相同的。所以说去掉约束的方式不是唯一的。这里面所说的去掉"多余约束"，是以保证结构是几何不变体系为前提的。如图 6-64(a) 所示中的支座水平链杆就不能去掉，因为它是使这个结构保持几何不变的"必要约束"。如果去掉水平链杆，如图 6-64(b) 所示，则原体系就变成几何可变了。

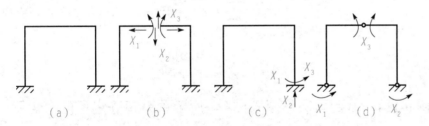

图 6-63　去掉多余约束的不同方法

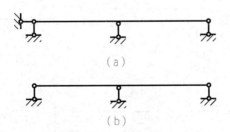

图 6-64　必要约束

4. 超静定结构的计算步骤

（1）去掉结构的多余约束得静定的基本结构，并以多余未知力代替相应的多余约束的作用。在选取基本结构的形式时，以使计算尽可能简单为原则。

（2）根据基本结构在多余力和荷载共同作用下，在去掉多余约束处的位移应与原结构相应的位移相同的条件，建立力法方程。

（3）作出基本结构的单位内力图和荷载内力图（或写出内力表达式），按照求位移的方法计算方程中的系数和自由项。

（4）将计算所得的系数和自由项代入力法方程，求解各多余未知力。

（5）求出多余未知力后，按分析静定结构的方法，绘出原结构的内力图，即最后内力图。最后内力图也可以利用已作出的基本结构的单位内力图和荷载内力图按叠加原理求得。

6.3.3 超静定结构梁

用力法求解超静定梁，计算超静定梁的位移时，通常忽略轴力和剪力的影响，只考虑弯矩的影响。因而系数及自由项按照下列公式计算：

$$\delta_{ii} = \sum \int \frac{\overline{M}_i \overline{M}_i}{EI} dx \qquad (6\text{-}12)$$

$$\delta_{ij} = \sum \int \frac{\overline{M}_i \overline{M}_j}{EI} dx \qquad (6\text{-}13)$$

$$\Delta_{iP} = \sum \int \frac{\overline{M}_i M_P}{EI} dx \qquad (6\text{-}14)$$

【例 6-11】 试用力法作图 6-65（a）所示单跨超静定梁的弯矩图。设 EI 为常数。

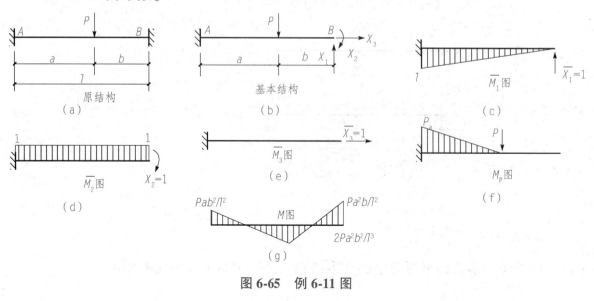

图 6-65 例 6-11 图

解：（1）选取基本体系。此梁具有三个多余约束，为三次超静定梁。取基本结构及三个多余力，如图 6-65（b）所示。

（2）建立力法典型方程。根据支座 B 处位移为零的条件，可以建立以下力法方程

$$\begin{cases} \delta_{11}X_1+\delta_{12}X_2+\delta_{13}X_3+\Delta_{1P}=0 \\ \delta_{21}X_1+\delta_{22}X_2+\delta_{23}X_3+\Delta_{2P}=0 \\ \delta_{31}X_1+\delta_{32}X_2+\delta_{33}X_3+\Delta_{3P}=0 \end{cases}$$

其中，X_1 和 X_3 分别代表支座 B 处的竖向反力和水平反力，X_2 代表支座 B 处的反力偶。

（3）求系数和自由项。作基本结构的单位弯矩图和荷载弯矩图，如图 6-65（c）、（d）、（e）、（f）所示。求得力法方程的各系数和自由项为

$$\delta_{11}=\frac{1}{EI}\left(\frac{1}{2}\times l\times l\times\frac{2}{3}\times l\right)=\frac{l^3}{3EI}$$

$$\delta_{12}=\delta_{21}=-\frac{1}{EI}\left(\frac{1}{2}\times l\times l\times 1\right)=-\frac{l^2}{2EI}$$

$$\delta_{22}=\frac{1}{EI}(l\times 1\times 1)=\frac{l}{EI}$$

$$\delta_{13}=\delta_{31}=\delta_{23}=\delta_{32}=0$$

$$\Delta_{1P}=-\frac{1}{EI}\left[\frac{Pa}{2}\times a\times\left(l-\frac{a}{3}\right)\right]=-\frac{Pa^2(3l-a)}{6EI}$$

$$\Delta_{2P}=\frac{1}{EI}\left(\frac{1}{2}Pa\times a\times 1\right)=\frac{Pa^2}{2EI}$$

$$\Delta_{3P}=0$$

关于 δ_{33} 的计算分两种情况：不考虑轴力对变形的影响时，$\delta_{33}=0$；考虑轴力对变形的影响时，$\delta_{33}\neq 0$。

（4）求多余未知力。将以上各值代入力法方程，而在前两式中消去 $\frac{1}{6EI}$ 后，得

$$\begin{cases} 2l^3X_1-3l^2X_2-Pa^2(3l-a)=0 \\ -3l^2X_1+6lX_2+3Pa^2=0 \end{cases}$$

解以上方程组求得

$$X_1=\frac{Pa^2(l+2b)}{l^3}, \quad X_2=\frac{Pa^2b}{l^2}$$

由力法方程的第三式求解 X_3 时，可以看出，按不同的假设有不同的结

果。若不考虑轴力对变形的影响（$\delta_{33}=0$），则第三式变为

$$0\times\frac{Pa^2(l+2b)}{l^3}+0\times\frac{Pa^2b}{l^2}+0\times X_3+0=0$$

所以 X_3 为不定值。按此假设，不能利用位移条件求出轴力。如考虑轴力对变形的影响，则 $\delta_{33}\neq 0$，而 Δ_{3P} 仍为零，所以 X_3 的值为零。

（5）绘制弯矩图。用叠加公式 $M=\overline{M}_1X_1+\overline{M}_2X_2+\cdots+\overline{M}_nX_n+M_P$ 计算出两端的最后弯矩，画出最后弯矩图，如图 6-65（g）所示。

📖 知识链接

超静定梁与静定梁的区别

超静定梁相对于静定梁，弯矩的最大值可以大幅度降低。在荷载的作用下，主梁的不同截面上弯矩有正有负，而弯矩的绝对值均较简支梁小，且梁高可以减小，节省材料。

6.3.4 超静定刚架

用力法求解超静定刚架。

【例 6-12】 试作如图 6-66（a）所示刚架的弯矩图。设 EI 为常数。

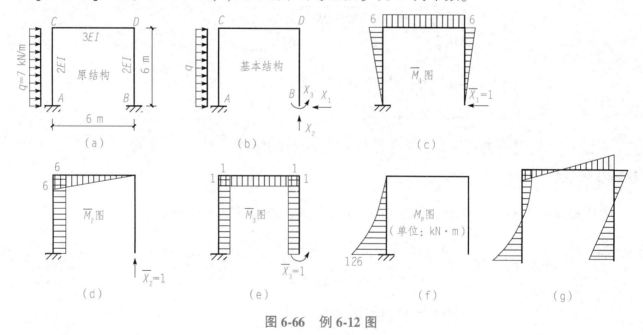

图 6-66 例 6-12 图

解：（1）选取基本体系。此刚架是三次超静定，去掉支座 B 处的三个多余约束代以多余力 X_1、X_2 和 X_3，得如图 6-66（b）所示的基本结构。

（2）建立力法典型方程。根据原结构在支座 B 处不可能产生位移的条件，建立力法方程如下：

$$\begin{cases} \delta_{11}X_1+\delta_{12}X_2+\delta_{13}X_3+\Delta_{1P}=0 \\ \delta_{21}X_1+\delta_{22}X_2+\delta_{23}X_3+\Delta_{2P}=0 \\ \delta_{31}X_1+\delta_{32}X_2+\delta_{33}X_3+\Delta_{3P}=0 \end{cases}$$

（3）求系数和自由项。分别绘出基本结构的单位弯矩图和荷载弯矩图，如图 6-66（c）、（d）、（e）和（f）所示。求得各系数和自由项如下：

$$\delta_{11}=\frac{2}{2EI}\left(\frac{1}{2}\times6\times6\times\frac{2}{3}\times6\right)+\frac{1}{3EI}(6\times6\times6)=\frac{144}{EI}$$

$$\delta_{22}=\frac{2}{2EI}(6\times6\times6)+\frac{1}{3EI}\left(\frac{1}{2}\times6\times6\times\frac{2}{3}\times6\right)=\frac{132}{EI}$$

$$\delta_{33}=\frac{2}{2EI}(1\times6\times1)+\frac{1}{3EI}(1\times6\times1)=\frac{8}{EI}$$

$$\delta_{12}=\delta_{21}-\frac{1}{2EI}\left(\frac{1}{2}\times6\times6\times6\right)-\frac{1}{3EI}\left(\frac{1}{2}\times6\times6\times6\right)=-\frac{90}{EI}$$

$$\delta_{13}=\delta_{31}-\frac{2}{2EI}\left(\frac{1}{2}\times6\times6\times6\right)-\frac{1}{3EI}\left(\frac{1}{2}\times6\times6\times1\right)=-\frac{30}{EI}$$

$$\delta_{32}=\delta_{32}\frac{1}{2EI}(6\times6\times1)+\frac{1}{3EI}\left(\frac{1}{2}\times6\times6\times1\right)=\frac{24}{EI}$$

$$\Delta_{1P}=\frac{1}{2EI}\left(\frac{1}{3}\times126\times6\times\frac{1}{4}\times6\right)=\frac{180}{EI}$$

$$\Delta_{2P}=-\frac{1}{2EI}\left(\frac{1}{3}\times126\times6\times6\right)=-\frac{756}{EI}$$

$$\Delta_{3P}=-\frac{1}{2EI}\left(\frac{1}{3}\times126\times6\right)=-\frac{126}{EI}$$

（4）求多余未知力。将系数和自由项代入力法方程，化简后得

$$24X_1-15X_2-5X_3+31.5=0$$

$$-15X_1+22X_2+4X_3-126=0$$

$$-5X_1+4X_2+\frac{4}{3}X_3-21=0$$

解此方程组得

$$X_1=9 \text{ kN}$$

$$X_2=6.3 \text{ kN}$$

$$X_3=30.6 \text{ kN}\cdot\text{m}$$

（5）绘制弯矩图。按叠加公式计算得最后弯矩图如图 6-66（g）所示。

6.3.5 超静定结构的特性

超静定结构与静定结构相比，具有以下一些重要特性。了解这些特性，有助于加深对超静定结构的认识，并更好地应用它们。

(1)静定结构的内力只用静力平衡条件即可确定，其值与结构的材料性质以及杆件截面尺寸无关。超静定结构的内力单由静力平衡条件不能全部确定，还需要同时考虑位移条件。所以，超静定结构的内力与结构的材料性质以及杆件截面尺寸有关。

(2)在静定结构中，除了荷载作用以外，其他因素，如支座移动、温度变化、制造误差等，都不会引起内力。在超静定结构中，任何上述因素作用，通常会都引起内力。这是由于上述因素都将引起结构变形，而此种变形由于受到结构的多余约束的限制，因而往往使结构中产生内力。

(3)静定结构在任何一个约束遭到破坏后，便立即成为几何可变体系，从而丧失了承载能力。而超静定结构由于具有多余约束，在多余约束遭到破坏后，仍然能维持其几何不变性，因而还具有一定的承载能力。因此超静定结构比静定结构具有较强的防护突然破坏能力。在设计防护结构时，应该选择超静定结构。

(4)超静定结构由于具有多余约束，一般地说，其内力分布比较均匀，变形较小，刚度比相应的静定结构要大些。例如图 6-67(a)所示的连续梁，当中跨受荷载作用时，两边跨也将产生内力。但如图 6-67(b)所示的多跨静定梁则不同，当中跨受荷载作用时，两边跨只随着转动，但不产生内力。又如图 6-68(a)所示为两跨连续梁，图 6-68(b)所示为相应的两跨静定梁，在相同荷载作用下，前者的最大挠度及弯矩峰值都较后者为小。

因此，从结构的内力分布情况看，超静定结构比静定结构要均匀些。

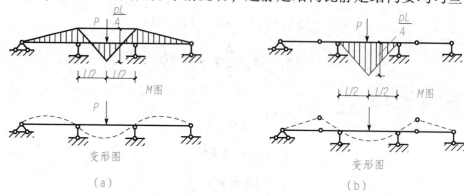

图 6-67 多跨连续梁与静定梁受力比较

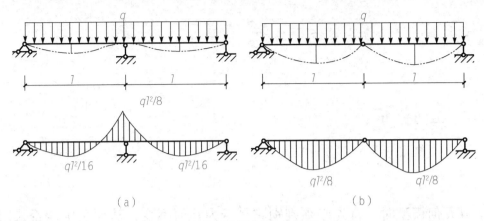

图 6-68 两跨连续梁与静定梁受力比较

分析与讨论：

连续梁桥是指两跨或两跨以上连续的梁桥。某连续梁桥，如图 6-69 所示，试分析它的优点。

连续梁在荷载作用下，产生的支座负弯矩对跨中正弯矩有卸载的作用，使内力状态比较均匀合理，因而梁高可以减小，节省材料，且刚度大，整体性好，超载能力大，安全度大，桥面伸缩缝少。

连续梁桥是中等跨径桥梁中常用的一种桥梁结构，预应力混凝土连续梁桥是其主要结构形式，它具有接缝少、刚度好、行车平顺舒适等优点，在 30~120 m 跨度内常是桥型方案比选的优胜者。

图 6-69 连续梁桥

工程实例

一段铁路轨道是由道钉或其他约束装置固定在路基上的，对钢轨有一定的约束作用。如果钢轨过长，则这些约束装置将使钢轨成为超静定多跨梁。温度变化引起钢轨变形，这种变形受到约束限制，使钢轨产生内力。因此，钢轨的长度不宜过长，并在每段接头处必须留有一定的缝隙，以防止温度变化产生变形引起内力过大造成钢轨的损坏。对于长轨铁路、长距离管道等，必须采取技术措施解决这个问题，比如在管道上安装伸缩器等。

一、平面结构的几何组成

1. 几何组成分析的概念

在结构设计和选取其几何模型时，首先必须判别它是否为几何不变，从而决定能否采用。工程中，将这一过程称为结构的几何组成分析。

2. 几何不变体组成规则

平面杆系几何稳定性的总原则有两个：一是刚片本身是几何不变的；二是由刚片所组成的铰接三角形是几何不变的（即三角形的稳定性）。以此为基础，可得到如下的三个规则：二元体规则、三刚片规则、两刚片规则。

3. 几何组成体的约束

约束又称联系，它是体系中构件之间或者体系与基础之间的连接装置。约束使构件（刚片）之间的相对运动受到限制，因此约束的存在将会使体系的自由度减少。一种约束装置的约束数等于它使体系减少的自由度数。常见的约束类型有链杆、铰、刚性连接。

二、静定结构

1. 静定结构的概念

无多余约束的几何不变体系是静定结构。

2. 静定多跨梁

由若干根梁用铰连接而成，用来跨越几个相连跨度的静定梁称为静定多跨梁。

3. 静定刚架

由静力平衡方程能确定全部反力、内力的平面刚架，称为静定平面刚架。

4. 拱

竖向荷载作用下产生水平支座约束力的曲杆称为拱。

5. 桁架

桁架是由若干杆件在各杆两端用铰连接而成的结构。

三、超静定结构

1. 超静定结构的概念

一个结构，如果其所有的未知力不能仅用平衡方程确定，则这种结构称为超静定结构。

2. 超静定结构的分类

常见的超静定结构类型有超静定梁、超静定刚架、超静定桁架、超静定拱、超静定组合结构和铰接排架。

问题探讨

1. 平面杆件体系，即使不考虑材料的变形，在很小的荷载作用下，也会发生机械运动，而不能保持原有的几何形状和位置，这样的体系称为_____。

2. 在一个已知体系上增加或者撤去二元体，不影响原体系的_____。

3. 桥梁、房屋建筑中木檩条多采用_____。

4. 一个结构，如果其所有的未知力不能仅用平衡方程确定，则这种结构称为_____。

5. 什么是几何不变体系？试举例说明。

6. 什么是静定结构？其静力有什么特性？

7. 常见的静定多跨梁有哪几种形式？

8. 刚架有哪些结构特点和传力特点？

9. 超静定结构的计算有哪些步骤？

技能训练

1. 试对如图 6-70 所示体系进行几何组成分析。

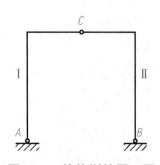

图 6-70　技能训练题 1 图

2. 试分析如图 6-71 所示桁架的几何组成。

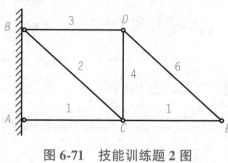

图 6-71 技能训练题 2 图

3. 试分析如图 6-72 所示三铰刚架的几何组成。

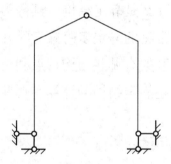

图 6-72 技能训练题 4 图

4. 试分析如图 6-73 所示拱结构的几何组成。

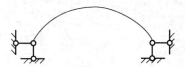

图 6-73　技能训练题 5 图

参 考 文 献

[1] 卢光斌. 土木工程力学基础[M]. 北京：机械工业出版社，2010.

[2] 雷宏刚. 土木工程事故分析与处理[M]. 武汉：华中科技大学出版社，2009.

[3] 陈孝坚，李鹏. 建筑力学[M]. 重庆：重庆大学出版社，2008.

[4] 章志芳. 工程力学[M]. 北京：人民邮电出版社，2007.

[5] 宋小壮. 工程力学[M]. 北京：机械工业出版社，2007.

[6] 高敏. 工程力学复习与训练[M]. 北京：人民交通出版社，2008.

[7] 孔七一. 工程力学[M]. 北京：人民交通出版社，2008.

[8] 周凯龙，陈晓刚. 建筑力学[M]. 上海：上海交通大学出版社，2008.